21世纪高等学校计算机类专业
核心课程系列教材

数字图像处理

◎ 李斌 编著

清华大学出版社
北京

内 容 简 介

本书涵盖了数字图像处理的多方面,主要内容包括:Python 和 OpenCV 基础、图像的直方图表示与变换、图像的几何变换、空间域图像增强、图像的形态学运算、图像的分割、彩色图像处理、图像的特征提取、深度学习与图像处理。本书将理论介绍与工程实践进行有机结合,各章的理论介绍深入浅出,并使用比较流行的编程语言 Python 将理论内容转换为工程代码。本书不仅介绍了图像的几何变换和形态学变换等数字图像处理领域中的传统内容,还介绍了深度学习等数字图像处理领域的新内容。

本书共 10 章。第 1 章介绍了数字图像处理的基本知识。第 2 章介绍了本书的编程工具:Python 和 OpenCV。第 3 章至第 10 章详细介绍了数字图像处理的各种具体方法和技术。

本书适合作为"数字图像处理"课程的教材,也适合具有一定数学基础的计算机类、电子信息类专业的本科生、研究生以及从事数字图像处理工作的专业人员阅读。

图书在版编目(CIP)数据

数字图像处理/李斌编著.—北京:清华大学出版社,2023.12
21 世纪高等学校计算机类专业核心课程系列教材
ISBN 978-7-302-63193-4

Ⅰ.①数… Ⅱ.①李… Ⅲ.①数字图像处理-高等学校-教材 Ⅳ.①TN911.73

中国国家版本馆 CIP 数据核字(2023)第 052572 号

责任编辑:贾 斌
封面设计:刘 键
责任校对:徐俊伟
责任印制:沈 露

出版发行:清华大学出版社
    网 址:https://www.tup.com.cn,https://www.wqxuetang.com
    地 址:北京清华大学学研大厦 A 座 **邮 编:**100084
    社 总 机:010-83470000 **邮 购:**010-62786544
    投稿与读者服务:010-62776969,c-service@tup.tsinghua.edu.cn
    质量反馈:010-62772015,zhiliang@tup.tsinghua.edu.cn
    课件下载:https://www.tup.com.cn,010-83470236
印 装 者:三河市龙大印装有限公司
经 销:全国新华书店
开 本:185mm×260mm **印 张:**13.75   **字 数:**344 千字
版 次:2023 年 12 月第 1 版   **印 次:**2023 年 12 月第 1 次印刷
印 数:1~1500
定 价:59.80 元

产品编号:089640-01

前　言

　　数字图像处理是计算机学科中一个热门的研究方向，它应用广泛，发展前景广阔。人工智能、深度学习技术的发展为数字图像处理注入了更多的活力，使其具有了更大的研究价值。数字图像处理结合人工智能、深度学习技术已经在多个领域得到了非常广泛的应用，正在极大地改变着人们的生活。

　　当前，数字图像处理所使用的编程工具也已经完成了更新换代，易学易用的 Python 已经成为数字图像处理的首选编程工具。本书顺应数字图像处理发展的趋势，内容不但涵盖了数字图像处理中的传统内容，而且引入了深度学习等新内容。本书采用 Python、OpenCV 作为编程工具，讲解了最流行的深度学习技术编程框架 TensorFlow 和 PyTorch。

　　数字图像处理的学习门槛较高，原因是其理论性较强，读者需要具有一定的数学基础和模式识别、机器学习等专业知识。因此，本书对于读者可能遇到困难的地方尽可能先给出必要的理论知识，做好铺垫。同时本书将理论介绍与工程实践进行了有机结合。各章介绍理论之后，会使用编程语言 Python 将理论内容转换为工程代码，让读者结合代码进一步理解所学的理论知识。

　　本书第 1 章初步介绍了数字图像处理的基础知识，包括数字图像的概念、分类、表示、存储和与像素相关的知识。第 2 章介绍了编程工具 Python 和 OpenCV，让读者在开始学习本书内容之前先具备一定的动手能力。第 3 章到第 10 章为本书的主要内容，详细介绍了数字图像处理的各种具体方法和技术。

　　感谢吉林大学的于哲舟教授对本书提出的宝贵意见，这些意见保证了本书的权威性和严谨性。感谢我的研究生宋晓楠、赵博、邵红瑶、许春磊、李敬阳参与本书的撰写和代码的调试。

　　由于作者水平和经验有限，书中内容难免有疏漏及错误之处，恳请广大读者批评指正。

作者

2023 年 8 月

目 录

## 第 1 章

绪论

本章学习目标

- 了解数字图像的定义、分类、表示与存储
- 理解图像的分辨率、像素间关系、距离度量的概念

本章主要介绍数字图像处理的基本概念和相关知识：图像的分类、表示与存储、图像的分辨率、像素间关系和距离度量。本章是后续各章节学习的基础。

1.1 数字图像的定义

简单地说，数字图像就是能够在计算机上显示和处理的图像。我们可以将一幅图像定义为一个二维函数 $f(x,y)$，其中 x 和 y 是空间平面坐标，而在任何一对空间坐标 (x,y) 处的幅值称为图像在该点处的强度或灰度。当 x、y 分量及幅值 f 都是有限的离散数值时，我们称该图像为数字图像。

数字图像由有限数量的元素组成，每个元素都有其特定位置和幅值，这些元素称为画图元素、图像元素或像素。像素是构成位图图像最基本的单元，每个像素都有自己的颜色，每个像素的颜色值都是由红、绿、蓝三原色构成的。像素越多，颜色信息就越丰富，图像效果就越好。

数字图像处理(Digital Image Processing)又称为计算机图像处理，它是指将图像信号转换成数字信号并利用计算机对其进行去除噪声、增强、复原、分割、提取特征等处理的过程。例如图 1.1(a)是一幅含有噪声的图片，我们可以看到图片很模糊，质感很差。但经过图像增强中的平滑处理方式去除噪声后，如图 1.1(b)所示，我们可以看到图像质感明显增

(a)　　　　　　　　　　　　　　　(b)

图 1.1　图像去噪

加，图像质量也改善了。图 1.2 是图像的特征提取，它指的是使用计算机提取图像信息，决定每个图像的点是否属于一个图像特征，特征提取的结果是把图像上的点分为不同的子集，这些子集往往属于孤立的点、连续的曲线或者连续的区域。所提取到的图像特征可以用于后期图像内容的理解和识别、图像主体部分的分割、图像中目标和显著性区域的检测等实际任务。数字图像处理已经应用于航天、医学、工业、军事等诸多重要的领域，极大地改善了人们的生产生活。

(a)   (b)

图 1.2 图像的特征提取

1.2 数字图像的分类

按照图像的动态特性可以将图像分为静止图像和运动图像。按照图像的色彩可以将图像分为灰度图像和彩色图像。按照图像的维数可以将图像分为二维图像、三维图像和多维图像。本小节将主要介绍静止图像，静止图像又分为矢量(Vector)图和位图(Bitmap)。

1.2.1 矢量图

矢量图也称为面向对象的图像或绘图图像。矢量图是计算机图形学中用点、直线或者多边形等基于数学方程的几何图元表示的图像，其实就是用数学公式描述的图像。每个对象都是一个自成一体的实体，这意味着它们在维持原有清晰度和弯曲度的同时可以按最高分辨率显示到输出设备上。所以矢量图最大的优点就是无论放大、缩小或旋转等都不会失真，它的图像质量和分辨率无关。其另一个优点就是文件数据量很小，因此仅占用很小的内存空间。它也有其自身的缺点：

(1) 不易制作色调丰富和色彩变化太多的图像。

(2) 绘制出来的图像不是很逼真。

(3) 不易在不同的软件中交换文件。

1.2.2 位图

位图是通过像素点表示图像，每个像素具有颜色属性和位置属性。位图的特点是可以表现色彩的变化和颜色的细微过渡，产生逼真的效果，并且其显示速度快。缺点是在保存时需要记录每个像素的位置和颜色值，占用较大的存储空间，并且缩放、旋转时算法复杂且容易失真。用数码相机拍摄的照片、扫描仪扫描的图片以及计算机截屏图等都属于位图。因此位图与我们的生活息息相关。

位图又分成如下四种：二值图像（Binary images）、灰度图像（Gray image）、索引图像（Indexed images）和彩色图像（RGB images）。下面我们分别进行介绍。

1. 二值图像

二值图像只有黑白两种颜色。图像中一个像素仅占 1 位，本书使用 OpenCV 进行图像处理，因此黑色用 0 表示，白色用 1 表示。二值图像一般用来描述字符图像，其优点是占用空间少。缺点是，当表示人物、风景的图像时，二值图像只能展示其边缘信息，图像内部的纹理特征表现不明显。如图 1.3 所示，该图片只有黑白两种颜色，没有层次感也没有立体感。

2. 灰度图像

灰度数字图像各像素信息由一个量化的灰度级来描述，没有彩色信息。像素灰度级用 8 位表示，所以每个像素都是介于黑色和白色之间的 256 种灰度中的一种。灰度图像与黑白图像不同，在计算机图像领域中二值图像只有黑白两种颜色，灰度图像在黑色与白色之间还有许多级的颜色深度。图 1.4 所示的灰度图像比上面的黑白图像就好看多了，表现的信息也更丰富，看起来更逼真。

图 1.3　二值图像

图 1.4　灰度图像

3. 索引图像

索引图像将像素值作为 RGB 调色板的下标，进而把像素值"直接映射"为调色板数值。一幅索引图像包含一个数据矩阵 **data** 和一个调色板矩阵 **map**。数据矩阵 **data** 和调色板矩阵 **map** 分别如式（1-1）和式（1-2）所示。

$$\mathbf{data} = \begin{bmatrix} x_{11} & x_{12} & \cdots & x_{1n} \\ x_{21} & x_{22} & \cdots & x_{2n} \\ \vdots & \vdots & & \vdots \\ x_{m1} & x_{m2} & \cdots & x_{mn} \end{bmatrix}_{m \times n} \tag{1-1}$$

数据矩阵的数据类型可以是 uint8、uint16 或双精度类型。式（1-1）所示的数据矩阵维度为 $m \times n$，则该数据矩阵对应的图像尺寸为 $m \times n$，即该图像含有 $m \times n$ 个像素。调色板矩阵 **map** 是一个大小为 $L \times 3$ 的双精度数值矩阵，矩阵中的数值取值范围为 $[0, 1]$，其长度 L 同它所定义的颜色数目相等。调色板矩阵 **map** 每行有 3 列，分别表示红色（R）、绿色（G）和蓝色（B）。每个数据矩阵 **data** 中的像素都可以通过调色板矩阵来找到对应像素的颜色。假设式（1-1）中的像素 x_{21} 的值为 82，则该像素的颜色就是式（1-2）中矩阵的第 82 行所定义的颜色。

$$\mathbf{map} = \begin{bmatrix} r_1 & g_1 & b_1 \\ r_2 & g_2 & b_2 \\ \vdots & \vdots & \vdots \\ r_i & g_i & b_i \\ \vdots & \vdots & \vdots \\ r_L & g_L & b_L \end{bmatrix}_{L \times 3} \tag{1-2}$$

图 1.5 是一幅索引图像的显示效果图。

4. 彩色图像

最常见的彩色图像是 RGB 彩色图像。RGB 是工业界的一种颜色标准。该标准几乎包括了人眼视觉所能感知的所有颜色,是目前运用最广的颜色模型之一。RGB 图像通过对红(Red)、绿(Green)、蓝(Blue)3 种颜色亮度的变化以及它们相互之间的叠加来得到各种各样的颜色。RGB 图像每个像素由 R、G、B 三个分量组成,每个分量各占 8 位,取值范围是[0,255],每个像素 24 位。当一幅 RGB 图像被送入监视器时,这三个分量图像便在屏幕上混合产生一幅合成的彩色图像。图 1.6 所示为一幅 RGB 图像,可以看到 RGB 图像看起来比灰度图像更细腻、更逼真。

图 1.5 索引图像   图 1.6 RGB 图像

除 RGB 彩色图像之外,常见的彩色模型还有 HSI 模型和 HSV 模型。HSI 模型使用颜色三要素色调(Hue)、饱和度(Saturation)和亮度(Intensity)来描述颜色。HSI 模型和 RGB 颜色模型是同一物理量的不同表示方法,它们之间可以相互转换。HSV 模型中的三个字母的含义为:色调(Hue)、饱和度(Saturation)、数值(Value)。该模型比 RGB 模型更接近人们对于色彩的感知。HSV 模型与 RGB 模型之间也有转换关系。本书将在第 8 章"彩色图像处理"详细介绍 RGB 模型、HSI 模型和 HSV 模型的相关知识。

1.3 数字图像的表示与存储

一幅图像在计算机中是如何表达的,并且它是以什么形式存储在计算机中的,这些都是我们需要了解的。数字图像的表示与存储是我们进入图像领域的第一关。只有把这第一关过了,才能更加容易地摆布图像、处理图像、操纵图像。

1.3.1 数字图像的表示

先来看图 1.7:

假设图 1.7 是一幅含有 9 个像素的图像。人眼看到这副图像是如图 1.7 所示的情形,但在计算机中则是使用一组数据来表达这幅图像,这组数据被组织成一个二维矩阵,如式(1-3)所示。

$$I = \begin{bmatrix} 0 & 150 & 200 \\ 120 & 50 & 180 \\ 255 & 220 & 100 \end{bmatrix} \tag{1-3}$$

在这个由 9 个像素组成的图像中,每个像素的位置和顺序是固定的,矩阵中的数值就是每个像素对应的颜色深度,即灰度值。从图 1.7 和式(1-3)可以看到,黑色对应的数值就是 0,白色对应的数值最大是 255。因此,在计算机里一幅图像就是一个矩阵,矩阵里面的每个元素就是像素,每个像素的数值就是其灰度值。矩阵从左到右是图像的宽度,从上到下是图像的高度。图像的宽和高相乘就是图像的分辨率。接下来再看图 1.8 中的这个坐标系。我们将图 1.8 中的坐标系抽象为式(1-4)所示的数字矩阵。

$$\begin{bmatrix} f_{11} & f_{12} & \cdots & f_{1N} \\ f_{21} & f_{22} & \cdots & f_{2N} \\ \vdots & \vdots & & \vdots \\ f_{N1} & f_{N2} & \cdots & f_{NN} \end{bmatrix} \tag{1-4}$$

图 1.7 数字图像的表示

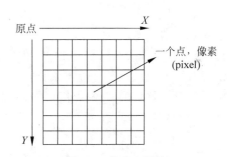

图 1.8 像素和图片

矩阵中 f 代表该像素的彩色或灰度值,下标代表像素的坐标位置。

可以看到矩阵中的每个数字(像素)都对应图像中的一个点。对图像的处理,其实就是对数据的处理,这个数据是二维数据,也就是数学中的矩阵。

1.3.2 数字图像的存储格式

图像文件的格式即图像文件的数据构成,通常是一个文件头。文件头之后才是图像数据。文件头一般包括了文件类型、作者、时间、版本号、文件大小等内容。图像数据包含图像的压缩方式和存储效率等。不同文件格式的数字图像,其压缩方式、存储容量以及色彩表现都会有所不同。以下我们介绍几类常见的图像文件格式。

BMP 图像文件格式：BMP 图像文件最早应用于微软公司推出的 Microsoft Windows 系统,是一种 Windows 标准的位图图像文件格式。它采用位映射存储格式,图像深度选择,不采用其他任何压缩。因此,BMP 文件所占用的空间很大。BMP 文件的图像深度可选 1bit、4bit、8bit 及 24bit。BMP 文件存储数据时,图像的像素值在文件中的存放顺序为从左到右,从下到上,也就是说,在 BMP 文件中首先存放的是图像的最后一行像素,最后才存储图像的第一行像素。但对于同一行的像素,则是按照先左边后右边的顺序存储的。另外一个需要关注的细节是：文件存储图像的每行像素值时,如果存储该行像素值所占的字节数为 4 的倍数,则正常存储。否则,需要在后端补 0,凑足 4 的倍数。由于 BMP 文件格式是 Windows 环境中交换与图有关的数据的一种标准,因此在 Windows 环境中运行的图形图像软件都支持 BMP 图像格式。

GIF 图像文件格式：图形交换格式（Graphic Interchange Format,GIF）格式是由 CompuServer 公司设计的。GIF 格式主要用于不同平台上的交流和传输,而不是作为文件的存储格式。GIF 格式的最大特点是压缩比高,文件占用存储空间较小。但由于受到 8 位存储格式的限制,所以最大不能超过 64MB,图像中颜色的数量最多为 256 色。虽然该格式受到存储格式的限制,但是有效地减少了图像文件在网络上传输的时间,这在传输速度至关重要的媒体中十分有利。

JPG/JPEG 格式：JPG/JPEG 格式是由联合图像专家组（Joint Photographic Experts Group）开发的一种常见的图像文件格式,是网络可以支持的图像文件格式之一。实际上 JPG/JPEG 并不是一种格式,确切地说是一种位图图像压缩算法。JPEG 的压缩方式通常是有损压缩,即在压缩过程中图像的质量会遭受到可见的破坏。使用 JPEG 格式压缩的图片文件一般也被称为 JPEG 文件,最普遍使用的扩展名为.jpg,其他常用的扩展名还包括.jpeg、.jpe、.jfif 以及.jif。JPEG 格式的数据也能被嵌进其他类型的文件格式中,像是 TIFF 类型的文件格式。JPG/JPEG 可以按惊人的速度压缩位图减小文件的大小,标准压缩后的文件只有原文件大小的十分之一。但反复以 JPEG 格式保存图像将会降低图像的质量并出现人工处理的痕迹,甚至使图像明显地分裂成碎块,这一点要引起注意。由于该格式压缩比较大,故这种格式的图像文件不适合放大观看和制成印刷品。但是压缩之后存储文件变小,所以应用较广。

1.4 数字图像分辨率

分辨率决定了位图图像细节的精细程度。通常情况下,图像的分辨率越高,所包含的像素就越多,图像就越清晰,印刷的质量也就越好。图像的空间分辨率和灰度级分辨率是数字图像的两个重要指标。下面我们就对这两个指标进行重点介绍。

1.4.1 图像的空间分辨率

图像的空间分辨率是指图像中每单位长度所包含的像素或点的数目,通常表示成每英寸像素（Pixel Per Inch,ppi）和每英寸点（Dot Per Inch,dpi）。如 72ppi 表示图像中每英寸包含 72 个像素或点。通常情况下,分辨率越高,所包含的像素就越多,图像就越清晰。同时,图像文件所需的磁盘空间也越大,编辑和处理所需要的时间也越长。

通常,"分辨率"被表示成每一个方向上的像素数量,比如 640×480 等。某些情况下也可以同时表示成"每英寸像素"(ppi)或图形的长度和宽度,比如 72ppi 或 8×6 英寸。像素越大,单位长度所包含的像素数就越多,分辨率也就越高,但同样存储图像所需要的字节数也越多。

通常在没有必要对涉及像素的物理分辨率进行实际度量时,称一幅大小为 $M \times N$ 的数字图像的空间分辨率为 $M \times N$ 像素。图 1.9 给出了一幅分辨率为 1024×1024 的图像逐次减少至 32×32 的分辨率呈现的不同效果。从图中可以看出,图像的分辨率越小,图像越模糊。

图 1.9　图像的空间分辨率

1.4.2　灰度级分辨率

灰度级分辨率是指在灰度级别中可分辨的最小变化。当没有必要实际度量所涉及像素的物理分辨率和在原始场景中分析细节等级时,通常就把大小为 $m \times n$、灰度为 L 级的数字图像称为空间分辨率为 $m \times n$,灰度级分辨率为 L 级的数字图像。

一般灰度级数越高,灰度分辨率就越高。但是灰度中可分辨的真实变化不仅受噪声和饱和度的影响,也受人类感知能力的影响。降低灰度级可能会产生"伪轮廓"。灰度级分辨率在黑白显示器中显示像素点的亮暗差别,在彩色显示器中表现为颜色的不同,灰度级越多,图像层次越清楚逼真。图 1.10 为在空间分辨率不变的情况下,对于同一幅图片不断降低灰度分辨率的效果图。在图 1.10 中从左到右、从上到下的四个图灰度级依次为 16、8、4 和 2。可以看出,灰度的级数越低,图片的质量就越差。当灰度的级数为 2 时,图像退化为仅有纯黑色和纯白色的二值图像。

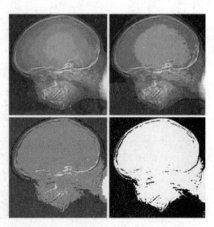

图 1.10　图像的灰度级分辨率

1.5 像素间基本关系

　　一幅图像,经过取样和量化之后就可以得到数字图像。数字图像在存储时,都是由单一的像素保存在存储设备中。像素保存顺序是与像素在数字图片中原本所处在的物理位置相关,那么就要了解像素之间的一些基本关系。下面我们就介绍像素的邻域和邻接,以及像素的连通性、区域和边界。

1.5.1 像素的邻域与邻接

　　在数字图像处理领域,存在着空间域和变换域的概念。数字图像处理的基本操作,有些需要在空间域中进行,而另外的一些则需要在变换域中进行。在大多数的数字图像处理中,像素之间在运算时都是要发生关系的,这是因为多个像素构成了图像中的一个对象。因此像素与空间、像素与像素之间都是联系的,这就产生了邻域和邻接的概念。

　　1. 邻域

　　在一定意义下,邻域是指与某一像素相邻的像素的集合。它是反映像素间的空间关系,与像素值的大小没有关系。依据标准的不同,我们可以关注像素 P 的 4 邻域、D 邻域和 8 邻域。

　　1) 4 邻域

　　给定一个坐标 $P(x,y)$,则位于坐标 (x,y) 处的像素 P 有上下左右 4 个相邻像素,其坐标分别为 $(x+1,y)$、$(x-1,y)$、$(x,y+1)$、$(x,y-1)$。这组像素构成 P 的 4 邻域,用 $N_4(p)$ 表示。每个像素与 $P(x,y)$ 的距离为 1,如图 1.11 所示。

　　2) D 邻域

　　依然给定一个坐标 $P(x,y)$,4 个对角相邻像素称为 P 的 D 邻域,其坐标分别为 $(x-1,y-1)$、$(x+1,y-1)$、$(x-1,y+1)$、$(x+1,y+1)$。所以 D 邻域也被称为对角邻域,用 $N_D(p)$ 表示。每个像素与 $P(x,y)$ 的距离为 $\sqrt{2}$,如图 1.12 所示。

　　3) 8 邻域

　　4 邻域和 D 邻域共同构成了 P 的 8 邻域,用 $N_8(p)$ 表示,即 $N_4(p)+N_D(p)=N_8(p)$,如图 1.13 所示。

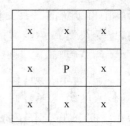

图 1.11　P 的 4 邻域 $N_4(p)$　　　　图 1.12　P 的对角邻域 $N_D(p)$　　　　图 1.13　P 的 8 邻域 $N_8(p)$

　　如果 $P(x,y)$ 位于图像的边界,则 $N_4(p)$、$N_D(p)$ 和 $N_8(p)$ 的某些点落入图像的外边。

　　2. 邻接

　　邻域是像素与空间的关系,那么邻接就是像素与像素之间的关系。

两个像素邻接的两个必要条件：

- 两个像素在某种情况下的位置是否相邻。
- 两个像素的值是否满足某种相似性,或者说它们的灰度值是否相等。

定义 V 为决定邻接性的灰度值集合,V 是 0 到 255 中的任意一个子集。在二值图像中,灰度值都为 1 的像素才能被称为是邻接的,即 $V=\{1\}$。一般考虑三种邻接性：

4 邻接：在集合 V 中取两个像素 p 和 q,且 q 在 $N_4(p)$ 集合中,则具有 V 中数值的两个像素 p 和 q 是 4 邻接的。如图 1.14 所示,假设中心像素 p 的值为 1。与像素 p 构成 4 邻接关系的像素要满足：既是 p 的 4 邻域像素又与 p 的灰度值相似或相等。像素 p 的 4 邻域为正上、正下、左边以及右边。右上角和右下角的像素虽然满足像素相似准则,但是不满足 4 邻域关系,所以它们与中心 p 不满足 4 邻接关系。图 1.14 中用虚线与中心相连的像素是与像素 p 邻接的像素。

8 邻接：在集合 V 中取两个像素 p 和 q,且 q 在 $N_8(p)$ 集合中,则具有 V 中数值的两个像素 p 和 q 是 8 邻接的。如图 1.15 所示,依然假设中心 1 为 p 像素,则既满足 8 邻域又满足灰度相似准则的正上、右上角以及右下角都与中心 p 满足 8 邻接关系。但是可以看到中心 p 像素到右上角像素有两条通路,并且形成一个回路,这就产生了二义性。因此引入了 m 邻接来消除二义性。

m 邻接(混合邻接)：两个像素 p 和 q 在 V 中取值,满足 q 在 $N_4(p)$ 中或 q 在 $N_D(p)$ 中且集合 $N_4(p) \bigcap N_4(q)$ 是空集,满足这两个条件之一,则具有 V 中数值的 p 和 q 是 m 连接的。如图 1.16 所示,从图中虚线可以看出混合邻接只有一条通路,这样就消除了采用 8 邻接经常发生的二义性。

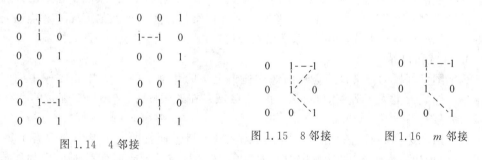

图 1.14 4 邻接　　　　　图 1.15 8 邻接　　　图 1.16 m 邻接

1.5.2 像素的连通性、区域和边界

连通性是反映两个像素间的空间关系,也是建立在邻接性的基础上的。下面分别介绍图像连通性的相关知识。

1. 通路

像素 $p(x,y)$ 到像素 $q(s,t)$ 的一条通路,由一系列具有坐标 $(x_0,y_0),(x_1,y_1),\cdots,(x_i,y_i),\cdots,(x_n,y_n)$ 的独立像素组成。如图 1.17 所示。

其中,$(x,y)=(x_0,y_0),(x_n,y_n)=(s,t)$,且 (x_i,y_i) 与 (x_{i-1},y_{i-1}) 邻接,$1 \leqslant i \leqslant n$,$n$ 为通路长度。通路种类有 4-通路、8-通路和 m-通路。它们都是在邻接基础上建立的通路关系。

图 1.17　像素的通路

2. 连通

通路上的所有像素灰度值满足相似准则,即(x_i,y_i)与(x_{i-1},y_{i-1})邻接。可以令S代表图像中像素中的子集,如果在S中$p(x,y)$和$q(s,t)$之间存在一个全部由S中的像素组成的通路,则可以说两个像素$p(x,y)$和$q(s,t)$在S中是连通的。对于S中的任何像素$p(x,y)$,S中连通到该像素的像素集叫作S的连通分量。如果S仅有一个连通分量,则集合S叫作连通集。连通也有4-连通、8-连通和m-连通。

我们可以看一个实例,如图 1.18 所示。

图 1.18　像素的连通图

可以看到像素s和t之间 4-连通不存在,因为中心像素和右下角像素不满足 4 邻接关系。8-连通有两条,从s像素出发经过左边像素、中心像素再到t像素和s像素出发直接到中心像素再到t像素这两条。因为s像素和中心像素都存在 4-连通的情况下 8-连通是不存在的,所以m-连通有 1 条,即从s像素出发经过左边像素、中心像素再到t像素。

3. 区域和边界

数字图像区域的定义是建立在图像连通集定义的基础上的。令R是图像中的一个像素子集。如果R也是连通集,则称R为一个区域。在谈区域时,必须指定邻接的类型(4 邻接或 8 邻接)。

数字图像边界的概念是相对于数字图像区域的概念而言的。图像中的像素子集R的边界(也称为边缘或轮廓)是区域中像素的集合,该区域有一个或多个不在R中的邻接像素的像素所组成的集合。

1.6　距离度量

距离度量是数学中的法则,用在某些空间中测量沿曲线的距离和曲线间的角度,包含曲线所在空间的曲率的信息。下面介绍几类常见距离度量。

定义:对于像素p、q和z,分别具有坐标(x,y),(s,t),(u,v),如果:

(1) $D(p,q)\geqslant0[D(p,q)=0]$,当且仅当$p=q$

(2) $D(p,q)=D(q,p)$

(3) $D(p,z)\leqslant D(p,q)+D(q,z)$

则D是距离函数或度量。下面介绍几种常见的距离度量。

1. 欧氏距离 D_e

定义：

$$D_e(p,q)=\left[(x-s)^2+(y-t)^2\right]^{\frac{1}{2}} \tag{1-5}$$

距点 (x,y) 的 D_e 距离小于或等于某一值 r 的像素形成一个中心在 (x,y) 的半径为 r 的圆平面，如图 1.19 所示。

图 1.19　欧氏距离 D_e

2. D_4 距离

定义：

$$D_4(p,q)=|x-s|+|y-t| \tag{1-6}$$

距点 (x,y) 的 D_4 距离（城市距离）小于或等于某一值 r 的像素形成一个中心在 (x,y) 的菱形。$D_4=1$ 的像素是 (x,y) 的 N_4，如图 1.20 所示。

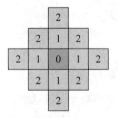

图 1.20　城市距离

3. D_8 距离

定义：

$$D_8(p,q)=\max(|x-s|,|y-t|) \tag{1-7}$$

距点 (x,y) 的 D_8 距离（棋盘距离）小于或等于某一值 r 的像素形成一个中心在 (x,y) 的正方形。$D_8=1$ 的像素是 (x,y) 的 N_8，如图 1.21 所示。

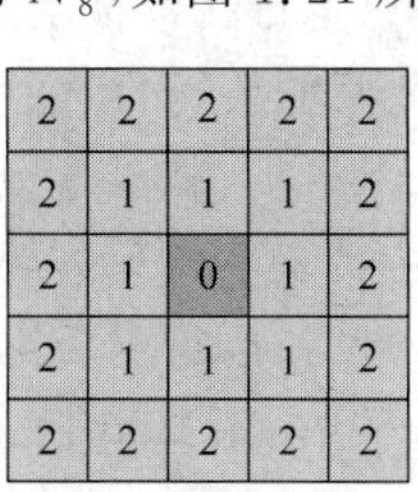

图 1.21　棋盘距离

三种距离度量各有其优缺点，欧氏距离是最容易直观理解的距离度量方法，我们小学、初中和高中接触到的两个点在空间中的距离一般都是指欧氏距离。

## 第 2 章

Python 和 OpenCV 基础

本章学习目标
- 熟悉 Python 的开发环境配置
- 掌握 Python 的基本语法与一些第三方库的使用
- 掌握 OpenCV 的基本使用方法

本章介绍 Python 语言和 OpenCV 编程基础,以便为后面的章节使用 Python 语言和 OpenCV 作为数字图像处理的工具打下基础。

2.1 Python 基础知识

2.1.1 Python 简介

Python 是由荷兰人 Guido Van Rossum 于 1989 年圣诞节期间提出的一种解释型语言。Python 的源代码不直接翻译成机器语言,而是先翻译成中间代码,再由解释器对中间代码进行解释运行。Python 是一种面向对象的语言,使用类来模拟现实中的各种事物,具有多态、继承等概念。近年来 Python 凭借其简洁优美的语法与丰富的第三方库支持而被广泛应用于科学研究、数据分析等领域,在编程语言热度排行榜中也是居高不下。作为一名计算机视觉研究人员,会使用 Python 语言是一门必不可少的技能。下面我们开始学习基本的 Python 知识。

目前有 Python 2 与 Python 3 两个版本,为了能够使用新的 Python 库功能,在此建议使用 Python 3 版本,本书以 Python 3.7 版本为例。

2.1.2 配置开发环境

Python 是一门跨平台的语言,可以运行在各种主流的操作系统中,甚至在 Linux 与 OS X 系统中都自带了 Python。使用以上两种系统的读者可在命令行窗口中输入 python(注意 p 为小写),即可显示自带的 Python 版本。如果显示为 Python 2.x 版本,可尝试输入 python 3。图 2.1 为 Windows 系统中的输入结果,其他系统类似。>>>符号代表已经进入了 Python 环境,可在此窗口中直接输入和运行 Python 代码。我们输入 3+5,按下 Enter 键,显示结果为 8。输入 exit()可退出 Python 环境,如图 2.1 所示。

下面以 Windows 10 系统为例,详细介绍 Python 的安装与环境配置。

1. 安装 Python 解释器

进入网址 https://www.python.org/getit/,选择下载适合自己系统的 Python 版本。安装程序下载完毕后运行,选中 Add Python3.7 to PATH 选项,添加到环境变量。

```
Command Prompt                                                            —    □    ×
Microsoft Windows [版本 10.0.17763.678]
(c) 2018 Microsoft Corporation。保留所有权利。

C:\Users\11041>python
Python 3.7.3 (v3.7.3:ef4ec6ed12, Mar 25 2019, 22:22:05) [MSC v.1916 64 bit (AMD64)] on win32
Type "help", "copyright", "credits" or "license" for more information.
>>> 3+5
8
>>> exit()

C:\Users\11041>
```

图 2.1　查看 Python 版本并运行代码

安装完成后,在命令行窗口输入 Python 查看是否成功进入 Python 环境,如果报错,手动将 Python37 文件夹所在路径添加到环境变量 PATH 中。右击"电脑",在弹出的快捷菜单中选择"属性"→"高级系统设置"→"环境变量"→"双击 PATH"→"新建"→输入 Python37 文件夹所在路径,结果如图 2.2 所示。

图 2.2　添加环境变量

2. 安装集成开发环境 PyCharm

PyCharm 是当今使用最广泛的 Python 集成开发环境(IDE),带有语法高亮、自动补全、断点调试等一系列提高效率的工具,并且可以跨平台使用。进入网址 https://www.jetbrains.com/pycharm/download/#section=windows 可选择下载免费的 Community 版本。本书中使用的版本为 Community Edition 2019.1.2 x64。下载完成后运行安装程序,完成安装。

运行 PyCharm,进入图 2.3 所示界面,选择 Create New Project 创建一个项目,选择项目存放路径,输入项目名称为 hello_world 后创建项目,进入代码编辑界面。

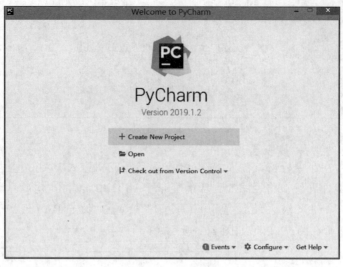

图 2.3　创建项目

　　右击左上角项目名称,选择 New→Python File 创建一个新的 Python 文件,如图 2.4 所示,输入文件名为 hello,生成文件 hello.py。文件扩展名.py 表明这是一个 Python 文件。

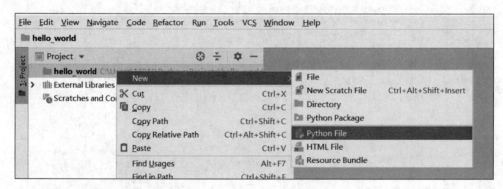

图 2.4　创建 Python 文件

　　在界面右边空白处输入代码 print('Hello World'),在空白处右击,选择 Run 'hello'(绿色三角形图标)或按下 Ctrl+Shift+F10 组合键运行代码,运行结果显示在图 2.5 所示窗口中。窗口中的 Process finished with exit code 0 代表程序正常运行后结束。

　　如果 Run 'hello' 图标显示为灰色,依次选择图 2.6 所示界面左上角的如下选项 File→Settings→Project。之后,在 Project 的 Hello_world 窗口中依次选择如下选项 Hello_world→Project Interpreter→Show All。最后手动添加 Python 解释器所在路径,如图 2.6 所示。

　　至此,Python 的开发环境已经全部配置完毕。此后书中的代码在不进行特殊说明时都默认在 PyCharm 中编辑与运行。

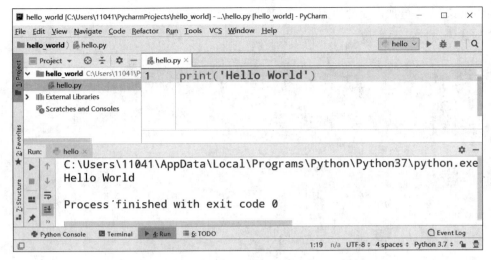

图 2.5　在 PyCharm 中运行 Python 文件

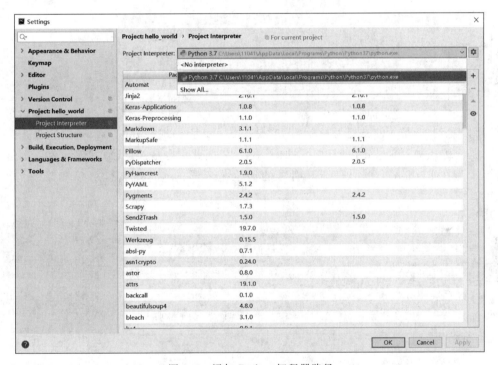

图 2.6　添加 Python 解释器路径

2.2　Python 基本语法

2.2.1　数据类型与变量

Python 是一门动态语言,这意味着在创建变量时不必像 C 语言那样指定变量的类型是int、double 还是 char 等。Python 会在创建变量时根据变量的值来自动指定类型,这也是

Python 在编写时更加便捷的原因之一（但同时也会带来一些问题，我们后面会看到）。请看下面的代码示例：

```python
a = 2
b = 3
c = a/b
d = 3.                   # 此处等同于 d = 3.0
e = "E"
f = 'This is an example.'
print(type(a))          # 显示各变量的类型
print(type(c))
print(type(d))
print(type(e))
print(type(f))
```

运行结果如下：

```
< class 'int'>
< class 'float'>
< class 'float'>
< class 'str'>
< class 'str'>
```

可以看到，变量 a 的类型为 int，因为它是整数；变量 c 的类型为 float，因为它是 2÷3 的结果，是个浮点数；变量 d 在创建时添加了小数点，因此它也是浮点数；变量 e 和 f 都是 str 类型，因为在 Python 中单引号与双引号的地位是等同的。这一特性可以在以下情况中使用：

```python
# 以下两种写法是等同的:
print('Hello world')
print("Hello world")
# 灵活使用单双引号的情况:
print('Lei said:"Are You OK ?"')
```

运行结果如下：

```
Hello world
Hello world
Lei said:"Are You OK ?"
```

在 PyCharm 中 # 后面的内容表示注释，在程序编译时会跳过。编写程序时添加注释是一个良好的习惯，在经过一段时间后看以前写下的代码很有可能已经忘记了当时为什么要这么写，添加注释可以有助于理清思路。想要注释多行时可以选中想要注释的部分，按下 Ctrl＋/组合键。另外，PyCharm 具有代码自动补全功能，例如输入 pr 后按 Tab 键即可自动补全为 print()。

2.2.2　字符串与类型转换

在实际使用中,经常会遇到需要将字符串拼接的情况,在 Python 中只需要在不同字符串之间用 + 连接即可完成拼接。请看下面的代码示例:

```
brand = 'BMW'
print('This is a ' + brand + 'car.')
```

运行结果如下:

```
This is a BMW car.
```

前面提到不需要指定变量的类型带来了许多便利,但同时也会带来一些问题。请看下面的代码示例:

```
price = 30
print('This book is ' + price + 'dollars.')
```

运行结果是这样的:

```
Traceback (most recent call last):
    File "C:/Users/11041/PycharmProjects/hello_world/hello.py" line 2, in < module >
        print('This book is ' + price + 'dollars.')
TypeError: can only concatenate str (not "int") to str
Process finished with exit code 1
```

运行结果窗口显示代码的第 2 行出现了错误,错误原因是只能将 2 个字符串类型的变量进行拼接,而不能是 int 型。这是因为在设置变量时没有指定类型,所以 price 默认为整数类型而引发了错误,在使用数字变量进行字符串拼接时要注意这种错误。在这种情况下,需要手动将 price 变量的类型转换为字符串。

```
price = 30
print('This book is ' + str(price) + 'dollars.')
```

这次的运行结果正常了。

```
This book is 30 dollars.
```

2.2.3　列表

列表由一系列元素按照一定顺序组成,类似于 C 语言中的数组。但 Python 中列表的使用更加方便,例如不需要指定列表的大小等。列表用方括号[ ]表示,其中的各个元素用逗号分隔开来。访问列表中的特定元素方法如下所示:

```
names = ['SATOMI','Bill','LiLei','Jobs','Zed']
#打印整个列表
print(names)
#列表中的元素序号从 0 开始,此处访问了列表中的第一个元素
print(names[0])
#访问第三个元素
print(names[2])
#访问最后一个元素,序号 - 1 代表列表的最后一个元素
print(names[ - 1])
#访问倒数第二个元素
print(names[ - 2])
```

运行结果如下:

```
['SATOMI', 'Bill', 'LiLei', 'Jobs', 'Zed']
SATOMI
LiLei
Zed
Jobs
```

再次强调列表元素的序号从 0 开始,当发现代码的运行结果和你想象的不同,请检查序号是否出了问题。

修改列表元素的方法为:指定列表名与元素序号,再指定此处元素的新值。如下所示:

```
names = ['SATOMI','Bill','LiLei','Jobs','Zed']
print(names)
names[1] = 'Tom'       #修改第二个元素
print(names)
```

运行结果如下:

```
['SATOMI', 'Bill', 'LiLei', 'Jobs', 'Zed']
['SATOMI', 'Tom', 'LiLei', 'Jobs', 'Zed']
```

最常用的情况是在列表中添加新的元素,下面介绍两种类型的添加方法。

1. 在列表末尾添加新元素

使用 append()方法可以在列表的末尾处加入新元素。这个方法的通常使用情况为:首先创建一个空的列表,再使用 append()逐个添加元素,经常与循环配合使用。

```
names = []                          #创建空列表
names.append('SATOMI')
names.append('LiLei')
names.append('Jobs')
print(names)
```

可以看到 names 列表按顺序添加了 3 个元素。

```
['SATOMI', 'LiLei', 'Jobs']
```

2. 在任意位置添加新元素

使用 insert()方法可以在列表的任意指定位置插入新元素。第一个参数指定新元素的位置,第二个参数为新元素的值。

```
names = ['SATOMI', 'LiLei', 'Jobs']
names.insert(0,'Jacob')
print(names)
```

运行结果如下:

```
['Jacob', 'SATOMI', 'LiLei', 'Jobs']
```

删除列表中的元素也有两种方法。

1. 指定位置删除元素

如果知道要删除元素在列表中的位置,可以使用 del 语句。

```
names = ['SATOMI', 'LiLei', 'Jobs']
del names[ - 1]
print(names)
```

结果为删除了列表中的最后一个元素。

```
['SATOMI', 'LiLei']
```

2. 指定值删除元素

有时候我们并不知道想要删除的元素的位置,但知道它的值,此时可以使用 remove()函数完成删除。

```
names = ['SATOMI', 'LiLei', 'Jobs']
names.remove('LiLei')
print(names)
```

结果为移除了列表中的'LiLei':

```
['SATOMI', 'Jobs']
```

有时我们并不需要整个列表,而只需要列表中的一部分,这时可以使用切片。在列表名后加[:]表示切片,冒号左边参数为起始元素序号,右边参数为结束元素的序号+1,这意味着冒号右边序号所在的元素不会被打印出来。左右参数可以省略,省略左边则从列表起始元素开始,省略右边则以列表末尾元素结束,全部省略表示截取整个列表。请看下面的代码示例:

```
names = ['SATOMI','Bill','LiLei','Jobs','Zed']
♯打印序号为 1,2,3 的元素
print(names[1:4])
♯省略左边参数,从列表起始元素开始,序号为 3 元素结束
print(names[:4])
♯省略右边参数,以列表末尾元素结束,序号为 1 元素开始
print(names[1:])
♯省略左右参数,打印整个列表
print(names[:])
```

运行结果如下：

```
['Bill', 'LiLei', 'Jobs']
['SATOMI', 'Bill', 'LiLei', 'Jobs']
['Bill', 'LiLei', 'Jobs', 'Zed']
['SATOMI', 'Bill', 'LiLei', 'Jobs', 'Zed']
```

还有一种元素不可修改的列表称为元组,用()表示,可以用来存储代码中的定值。当尝试修改元组中的元素时会报错。

```
tuple = (1,2,3,4,5)
tuple[0] = 6
print(tuple)
```

运行窗口显示元组是不可修改的。

```
Traceback (most recent call last):
  File "C:/Users/11041/PycharmProjects/hello_world/hello.py" line 28, in < module >
    tuple[0] = 6
TypeError: 'tuple' object does not support item assignment
Process finished with exit code 1
```

2.2.4 循环

循环是让计算机能够自动完成一系列动作的主要方法,例如想要打印 names 列表中的所有名字,可以使用 for 循环完成。

```
names = ['SATOMI','Bill','LiLei','Jobs','Zed']
for name in names:
    print(name)
```

上面的代码将 names 列表中的每个元素按顺序赋值给 name,并打印每个 name。Python 使用缩进表示同一个循环体中执行的动作,如上例中 print 语句前面的缩进表示它是 for 循环体的一部分,动作为打印 name。建议将 Tab 键距离设为 4 个空格来表示一个缩进距离,具有同样缩进距离的语句会在每次循环中全部执行一次。如果代码运行结果并不

如你所愿,检查是否缩进距离出现了错误,还有记住,for 语句后面是有冒号的。代码运行结果如下:

```
SATOMI
Bill
LiLei
Jobs
Zed
```

Python 中的 print 语句默认以换行符结尾。如上例中,每一次 print 的结果都会分行显示。如果想要它们显示在同一行,可以这样:

```
for name in names:
    print(name,end = '')    #默认情况是 end = '\n'
```

此时每次 print 的结果以空格结尾,即显示在同一行。

```
SATOMI Bill LiLei Jobs Zed
```

也可以任意更改结尾符号显示不同的效果,读者可自行尝试。

另外有一些命名方面的建议:列表名以复数形式命名,而列表中的每个元素则以对应的单数形式命名。如上例中元素 name 表示它是存储名字的列表 names 中的一份子,这样增加了代码的可读性。

一种常见需求是创建一个数字列表,此时可以使用 range()函数。range()函数括号内可指定 3 个参数:起始数字,结束数字+1,步长。起始数字省略则默认从 0 开始,步长省略默认为 1。请看下面的代码示例:

```
nums1 = list(range(1,6,2))    #以 1 开始,以 5 结束,步长为 2
print(nums1)
nums2 = list(range(6))        #省略起始默认为 0,省略步长默认为 1
print(nums2)
```

运行结果如下:

```
[1, 3, 5]
[0, 1, 2, 3, 4, 5]
```

还有一种 while 循环,在满足条件时会一直运行,直至达到终止条件为止。因此在使用它时一定要注意设置好终止条件,避免出现死循环。请看下面的代码示例:

```
num = 0
while num < 5:
    num += 1                #此处相当于 num = num + 1
    print(num)
```

运行结果如下：

```
1
2
3
4
5
```

2.2.5　判断

判断语句使计算机在特定情况下执行特定的动作。例如有一个存储名字的列表，里面的名字都是小写的，现在想让它们显示为大写，其中有的名字需要全部大写，而有的需要首字母大写。此时我们可以这样：

```
names = ['satomi','bill','li lei','jobs','zed']
for name in names:
    if name == 'satomi':
        print(name.upper())
    else:
        print(name.title())
```

upper()方法将单词中的字母全部变为大写，而title()方法只将每个单词的首字母大写。运行结果如下：

```
SATOMI  Bill  Li Lei  Jobs  Zed
```

上面的代码示例在 for 循环中包含了判断语句：当列表中的元素是'satomi'时（＝＝表示左右两边相等，＝表示将右边的值赋给左边），将它的全部字母大写；而在其他情况，只对首字母大写。

每个 if 语句都是一个值为 True 或 False 的布尔表达式，如果语句的值为 True，则执行 if 语句后面的代码；如果为 False，则跳过 if 语句后面的代码。类似于 for 循环，if 语句同样使用缩进表示要执行的动作。

也可以一次性判断多个条件：使用 and 语句时，所有条件都通过结果为 True，有一个条件没通过即为 False；使用 or 语句时，只要有一个条件通过即为 True，所有条件都没通过时结果为 False。请看下面的代码示例：

```
num = 5
a,b,c,d = 2,3,6,8
#c,d 都大于 num,结果为 True
if c > num and d > num:
    print('True')
else:
    print('False')
#a 小于 num,结果即为 False,用()将条件括起来增加可读性
if (a > num) and (c > num):
```

```
    print('True')
else:
    print('False')
#a 小于 num 但 c 大于 num,整体结果为 True
if (a > num) or (c > num):
    print('True')
else:
    print('False')
#a 小于 num 且 b 小于 num,结果为 False
if (a > num) or (b > num):
    print('True')
else:
    print('False')
```

运行结果如下：

```
True  False  True  False
```

有时在一个判断模块中需要验证多个条件,此时可以使用 if-elif-else 结构,中间可以使用多个 elif 语句,else 语句可以省略。例如某个景区的门票价格是这样规定的：5 岁以下儿童免费；18 岁以下儿童票价为 15 元；60 岁以上老人票价为 20 元；其余情况票价为 30 元。那么可以这样写：

```
if   age < 5:
    price = 0
elif   age < 18:
    price = 15
elif   age > 60:
    price = 20
else:
    price = 30
```

2.2.6　字典

字典经常用来存储一个对象的多种属性。构成方式为一系列键值对,每个键与一个值相关联,可以使用键来访问对应的值。字典用{ }表示,键与对应值之间用冒号分隔开,每个键值对之间用逗号分隔开。如下代码示例中使用字典存储了一个人的一些信息。

```
id = {
    'name' : 'Zed',
    'gender' : 'male',
    'profession' : 'Ninja'
    }
```

可以使用键来访问对应的值。

```
print(id['name'])
print(id['gender'])
print(id['profession'])
```

运行结果如下：

```
Zed
Male
Ninja
```

有时一个字典内有很多个键值对，用手动方法访问每个键值对显然不够效率，此时可以使用循环来遍历字典。

```
id = {
    'name':'Zed',
    'gender' : 'male',
    'profession' : 'Ninja'
    }
#方法 items()返回一个键值对列表
for key,value in id.items():
    print('key: ' + key)
    print('value: ' + value)
```

运行结果如下：

```
key: name
value: Zed
key: gender
value: male
key: profession
value: Ninja
```

如果只需要字典中的键或值，可以将 items()改为 keys()或 values()。

```
id = {
    'name' : 'Zed',
    'gender' : 'male',
    'profession' : 'Ninja'
    }
#方法 keys()返回所有键组成的列表
for key in id.keys():
    print('key: ' + key)
#方法 values()返回所有值组成的列表
for value in id.values():
    print('value: ' + value)
```

运行结果如下：

```
key: name
key: gender
key: profession
value: Zed
value: male
value: Ninja
```

类似于列表,也可以对字典元素进行增加、修改、删除等操作。

```
id = {
    'name' : 'Zed',
    'gender' : 'male',
    'profession' : 'Ninja'
    }
# 增加一个键 age,值为 34
id['age'] = 34
print(id)
# 将键 age 的值修改为 35
id['age'] = 35
print(id)
# 删除键 age
del id['age']
print(id)
```

在实际情况中,经常会发生各种嵌套,例如在字典内包含列表、列表内包含字典、在字典内包含字典等,此时就需要仔细理清它们之间的结构关系。以上面的情况为例,假如我们想要存储多个人的信息时,可能会变成这样:

```
id = {
    'Zed':{
        'gender' : 'male',
        'profession' : 'Ninja'},    # 2 个键值对之间用逗号分隔开
    'SATOMI' : {
        'gender' : 'female',
        'profession' : 'actress'}
    }
print(id['SATOMI']['profession'])
```

我们来分析一下上面的代码:字典 id 内包含 2 个键值对,它们之间用逗号分隔开,2 个键分别为'Zed'和'SATOMI',对应的值是 2 个字典,这 2 个字典也有各自的键和值。最后一行代码打印了键'SATOMI'的值(是一个字典)中的键'profession',最后显示的结果为'actress'。

2.2.7　函数

我们经常会在代码中多次执行同样的任务,这时使用函数可以不必每次都把这段代码重写一遍。要想使用函数,必须先定义它,函数定义包括函数名、参数、功能简介、执行动作、返回值等。请看下面的代码示例:

```
def square(num):
    '''计算一个数的平方'''
    return num * num
print(square(6))
```

关键字 def 表示要定义函数,函数名为 square,在调用时需要传递一个形参 num,第二行用三引号包起来的内容为函数的简要功能说明,第三行定义返回值为 num 的平方,最后一行调用了 square 函数,并传递实参 6,最后的运行结果为 36。这样当每次想要在代码中计算某个数的平方时,只需要调用 square 函数,传递不同的实参即可。

使用函数还有一个优点是可以将它们与主程序分离并存储在别的文件中,在需要调用时将它们导入主程序中,称之为函数的模块化。如图 2.7 所示,我们将 square 函数的定义存储在另一个新文件 func.py 中,此时 func.py 就是一个模块:

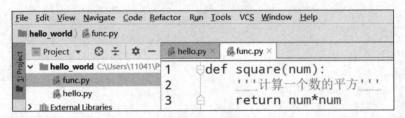

图 2.7   将函数定义存储在模块中

想要在主程序 hello.py 中调用函数 square 时,只需将 func.py 模块使用 import 导入后再调用 square 即可,如图 2.8 所示。

图 2.8   导入模块并调用其中的函数

这种方式导入了整个模块,但有时我们只需要模块中的某个函数,此时可以这样:

```
from func import square as sqr
print(sqr(6))
```

上面的代码从 func.py 模块中导入了函数 square 并将它重命名为 sqr,这样在主程序中调用它时就可以使用它的新名字 sqr,原来的函数名 square 会失效。

2.2.8   使用库

想要使用 Python 来完成各种各样的任务,这时仅仅使用 Python 自带的功能就远远不够了,我们需要使用各种库。库可以理解为具有相关功能的模块的集合。有一些库是 Python 自带的标准库,还有一些是第三方库,需要自行下载安装。

Python 中自带了 pip 来安装各种第三方库,默认的 pip 下载源在国外,速度很慢,我们先把下载源更换到国内,以 Windows 10 系统下更换为阿里源为例。

（1）在用户路径下创建一个 pip 文件夹（文件夹所在路径格式为 C:\用户\计算机名\），例如 C:\Users\11041\pip。

（2）新建一个记事本文本文件,内容如下：

```
[global]
index-url = http://mirrors.aliyun.com/pypi/simple/
[install]
trusted-host = mirrors.aliyun.com
```

（3）将新建的记事本文件名保存为 pip.ini,如图 2.9 所示。

图 2.9　更改 pip 下载源

将 Python37 文件夹下的 Scripts 文件夹添加到环境变量。环境变量添加完毕后如图 2.10 选中项所示。

图 2.10　将 Scripts 文件夹添加到环境变量

以安装一个第三方库 pandas 作为示例：在命令行窗口输入 pip install pandas，就会自动安装当前最新版本的 pandas 与其他需要的组件，可以看到当前最新版本为 0.25.1，如图 2.11 所示。

```
C:\Users\11041>pip install pandas
Looking in indexes: http://mirrors.aliyun.com/pypi/simple/
Collecting pandas
  Downloading http://mirrors.aliyun.com/pypi/packages/b1/69/fcc29820befae2b96fd0b01225577af653e87cd0914634bb2d372a457bd7/pandas-0.25.1-cp37-cp37m-win_amd64.wh
l (9.2MB)
    |████████████████████████████████| 9.2MB 1.7MB/s
Requirement already satisfied: python-dateutil>=2.6.1 in c:\users\11041\appdata\local\programs\python\python37\lib\site-packages (from pandas) (2.8.0)
Requirement already satisfied: numpy>=1.13.3 in c:\users\11041\appdata\local\programs\python\python37\lib\site-packages (from pandas) (1.16.4)
Requirement already satisfied: pytz>=2017.2 in c:\users\11041\appdata\local\programs\python\python37\lib\site-packages (from pandas) (2019.3)
Requirement already satisfied: six>=1.5 in c:\users\11041\appdata\local\programs\python\python37\lib\site-packages (from python-dateutil>=2.6.1->pandas) (1.12.0)
Installing collected packages: pandas
Successfully installed pandas-0.25.1
```

图 2.11　用 pip 安装 pandas

在命令行窗口输入 python→import pandas，出现>>>符号代表已经成功安装并导入，如图 2.12 所示。

```
C:\Users\11041>python
Python 3.7.3 (v3.7.3:ef4ec6ed12, Mar 25 2019, 22:22:05) [MSC v.1916 64 bit (AMD64)] on win32
Type "help", "copyright", "credits" or "license" for more information.
>>> import pandas
>>>
```

图 2.12　验证是否成功安装

如果想要安装以往版本的库，可在库名称后加＝＝版本号，例如安装 0.25.0 版本的 pandas，再在命令行窗口输入 pip install pandas＝＝0.25.0，可以看到用指定版本代替了原版本，如图 2.13 所示。

```
C:\Users\11041>pip install pandas==0.25.0
Looking in indexes: http://mirrors.aliyun.com/pypi/simple/
Collecting pandas==0.25.0
  Downloading http://mirrors.aliyun.com/pypi/packages/c1/cf/58ccaa38d5670dd4d2aee5df90aa03d670ede3947b7148e72391c80d4f91/pandas-0.25.0-cp37-cp37m-win_amd64.whl (9.2MB)
    |████████████████████████████████| 9.2MB 177kB/s
Requirement already satisfied: pytz>=2017.2 in c:\users\11041\appdata\local\programs\python\python37\lib\site-packages (from pandas==0.25.0) (2019.3)
Requirement already satisfied: numpy>=1.13.3 in c:\users\11041\appdata\local\programs\python\python37\lib\site-packages (from pandas==0.25.0) (1.16.4)
Requirement already satisfied: python-dateutil>=2.6.1 in c:\users\11041\appdata\local\programs\python\python37\lib\site-packages (from pandas==0.25.0) (2.8.0)
Requirement already satisfied: six>=1.5 in c:\users\11041\appdata\local\programs\python\python37\lib\site-packages (from python-dateutil>=2.6.1->pandas==0.25.0) (1.12.0)
Installing collected packages: pandas
  Found existing installation: pandas 0.25.1
    Uninstalling pandas-0.25.1:
      Successfully uninstalled pandas-0.25.1
Successfully installed pandas-0.25.0
```

图 2.13　安装指定版本的 pandas

在命令行窗口输入 pip uninstall pandas 可以卸载 pandas 库，输入 pip list 可查看所有用 pip 安装的库。

还可以使用 Anaconda 创建各种虚拟环境配置 Python 版本与各种库。Anaconda 是一个方便的 Python 包管理和环境管理软件，一般用来配置不同的项目环境。我们常常会遇到这样的情况，正在做的项目 A 和项目 B 分别基于 Python 2 和 Python 3，而计算机只能安装一个环境，这个时候 Anaconda 就派上了用场，它可以创建多个互不干扰的环境，分别运行不同版本的软件包，以达到兼容的目的。

打开网址 https://www.anaconda.com/distribution/♯download-section，选择下载适当的版本后按照提示进行安装。图 2.14 中对话框的第一个选项会将 Anaconda 添加到环境变量，第二个选项会把环境变量中的 Python 环境替换为 Anaconda 中的 Python 环境，建议暂时不要勾选。

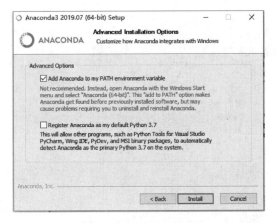

图 2.14　安装 Anaconda

安装完成后在开始菜单找到 Anaconda3 菜单，右击 Anaconda Powershell Prompt 后选择"以管理员身份运行"，如图 2.15 所示。

图 2.15　运行 Anaconda

在打开的窗口内输入 conda create -n book python=3.6，出现询问后输入 y，按下 Enter 键就可以创建一个 Python 版本为 3.6，名称为 book 的虚拟 Python 环境。环境的名称与版本可以任意指定。在窗口内输入 conda activate book 即可激活创建好的 book 环境，如图 2.16 所示，可以看到前面括号内的名字变为了 book，输入 python，显示 Python 版本为 3.6.9。此时再进行安装库的操作只会在 book 环境内进行，而不是原来系统默认的 Python 环境内。

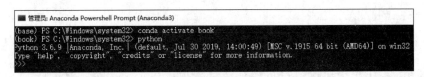

图 2.16　激活虚拟环境

在 PyCharm 中选择 File→Settings→Project：Hello_world→Project Interpreter，单击右上角齿轮→Add...→Conda Environment→Existing Environment→OK，就可以选择创建的 book 环境，此后默认的解释器与使用的库都会变为 book 环境下。在 Project Interpreter 中可以切换各种环境，如图 2.17 所示。

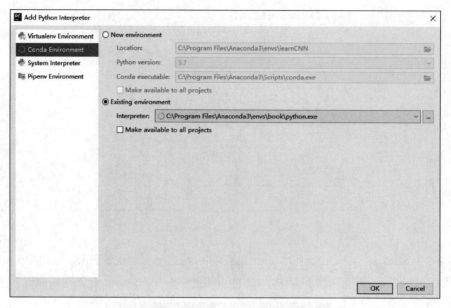

图 2.17　在 PyCharm 中选择虚拟环境

在深度学习与图像处理的过程中，经常会涉及数组、矩阵之间的运算。NumPy 是进行此类运算的得力工具。在此简要介绍 NumPy 的相关知识。

一般在安装 Python 时都自带 NumPy，在使用时只需要直接导入即可。请看下面的代码示例：

```
import numpy as np
x = np.array([1,2,3])            #创建 2 个 NumPy 数组
y = np.array([4,5,6])
print(x + y)
print(x - y)
print(x * y)
print(x/y)
print(x/2)
```

NumPy 数组与数组之间可以进行对应元素间的四则运算，也可以和数字进行。运行结果如下：

```
[5 7 9]
[-3 -3 -3]
[ 4 10 18]
[0.25 0.4  0.5 ]
[0.5 1.   1.5 ]
```

能够与数字进行运算是因为 NumPy 在运算时进行了广播（broadcast），将单个数字扩充为与被除数组相同形状的数组后进行运算。上面代码中 $x/2$ 相当于以下代码：

```
x = np.array([1,2,3])
m = np.array([2,2,2])
print(x/m)
```

因此,通过广播操作能够使形状不同的数组之间也可以进行运算。请看下面的代码示例:

```
import numpy as np
a = np.array([[1,2],[3,4]])
b = np.array([10,20])
print(a.shape)      #.shape 操作可以显示矩阵的形状
print(b.shape)
print(a/b)
```

在进行 a/b 运算时,NumPy 进行了广播操作,将 b 数组扩充为 $[[10,20],[10,20]]$ 后与数组 a 进行对应元素除法运算。运行结果如下:

```
(2, 2)
(2,)
[[0.1 0.1]
 [0.3 0.2]]
```

还有一种运算——矩阵乘法(也叫点乘)也会经常被使用,可以用 dot() 函数实现,要求进行运算的矩阵形状符合矩阵乘法的要求。请看下面的代码示例:

```
import numpy as np
a = np.array([[1,2,3],[4,5,6]])
b = np.array([[2,4],[6,8],[10,12]])
print(a.shape)
print(b.shape)
print(np.dot(a,b))
```

运行结果如下:

```
(2, 3)
(3, 2)
[[ 44  56]
 [ 98 128]]
```

a 是一个 2×3 矩阵,b 是 3×2 矩阵,进行矩阵乘法的结果是 2×2 矩阵。

使用.reshape()函数可以改变矩阵的形状,改变后元素保持原有的相邻关系,例如:

```
a = np.array([[1,3,2],[3,4,1]])
b = a.reshape(3,2)
print(b)
```

上面的代码将形状为 2×3 的矩阵 a 转换为 3×2,结果如下:

```
[[1 3]
[2 3]
[4 1]]
```

在设置转换后的形状时可以将一个维度的参数设为 -1,这一维度的具体值将会根据其他维度自动计算。例如上例中可以写成 $b = a.\text{reshape}(-1, 2)$,效果相同。

2.2.9 类

Python 是一门面向对象的编程语言,用类来模拟表示现实世界中的事物和情景,并基于这些类来创建对象。在编写类时,可以先定义一大类都有的通用行为,然后根据每个对象各自具有的特点来编写不同的功能。根据类来创建对象称为实例化。

下面来编写一个表示小狗的类 Dog,它表示的是所有的小狗,因此包含的是所有小狗所共有的特性,例如名字和年龄,我们再给它定义 2 个小狗都能做的动作:打滚和下蹲。

```
class Dog():
    '''''创建模拟小狗的类'''
    def __init__(self,name,age):
        '''''初始化属性 name 和 age'''
        self.name = name
        self.age = age
    def sit(self):
        '''''模拟小狗蹲下'''
        print(self.name + ' is now sitting.')
def roll_over(self):
        '''''模拟小狗打滚'''
        print(self.name + ' rolled over.')
```

类用 class 表示,上面的示例中我们创建了名为 Dog 的类,在命名类时需要使用驼峰命名法,即将类名中的每个单词首字母都大写而不使用下画线。后面括号中是空的,因为我们是从头创建这个类,而不是继承某个类而来的。

类中的函数称为方法。前面所学的关于函数相关的内容都可适用于方法,只在调用方式上有些差别。第 4 行中的 __init__() 是一个特殊的方法(init 前后各有 2 个_),每当根据类 Dog 创建新实例时,都会自动运行它,也称为构造函数。__init__() 方法在定义时包含 self、name、age 共 3 个形参。其中 self 是必不可少的,且必须位于最前面。在 Python 调用 __init__() 方法创建实例时,将自动传入形参 self,每个与类相关联的方法都会自动传递形参 self,它是一个指向实例本身的引用,让实例能够访问类中的属性和方法。我们通过实参向 Dog 传递小狗的名字和年龄,self 会自动传递,每次根据 Dog 类创建实例时,只需要给定 name 和 age 的值。

在 5、6 行定义的变量 name、age 都有前缀 self,这样的变量可以供类中的全部方法使用,也可以通过实例来访问它们。self.name = name 获取了存储在形参 name(右边)中的值,并将它储存到变量 name(左边)中,然后将该变量关联到当前创建的实例。self.age =

age 同理。像这样可以通过实例访问的变量称为属性。

　　Dog 类还定义了 sit()和 roll_over()方法,这 2 个方法不需要额外的参数,因此只有一个形参 self。之后创建的实例都能够使用这些方法。

　　类可以作为如何创建实例的说明,例如可根据上面的 Dog 类创建一个名叫 Bob,年龄为 6 岁的小狗实例。

```
my_dog = Dog('Bob',6)
print("My dog's name is " + my_dog.name)
print('My dog is ' + str(my_dog.age) + ' years old')
```

　　在上面的代码中,Python 使用实参'Bob'和 6 并调用 __ init __()方法创建实例并储存在变量 my_dog 中。在最后 2 句中,Python 先找到实例 my_dog,再查找与这个实例相关的属性 name 和 age 并使用它们。运行结果如下:

```
My dog's name is Bob
My dog is 6 years old
```

　　在创建实例后,可以用和获取属性相同的方式调用类中的方法,即句点表示法。

```
my_dog.sit()
my_dog.roll_over()
```

　　运行结果如下:

```
Bob is now sitting.
Bob rolled over.
```

　　也可以在实例中对类中的属性进行修改。

```
my_dog = Dog('Bob',6)
my_dog.age = 7
print('My dog is ' + str(my_dog.age) + ' years old')
```

　　可以看到 age 变成了 7。

```
My dog is 7 years old
```

　　在编写类时并不是总需要从头开始。如果你编写的是一个现有类的特殊版本,可以使用继承。一个类继承另一个类时,将自动获得所继承类的所有属性和方法。原有的类称为父类,新编写的类称为子类。子类继承父类的所有属性和方法,还可以添加自己所独有的属性和方法。在创建子类实例时,需要先给父类的所有属性赋值,因此子类的 __ init __()方法需要借助父类来完成。父类必须包含在当前文件中且位于子类之前。下面我们创建一个子类猎犬,它具有一般小狗的所有属性,还具有自己独特的技能打猎。

```
class SportingDog(Dog):
    '''''创建猎犬的类'''
    def __init__(self,name,age):
        '''''初始化父类的属性
        再初始化猎犬的属性'''
        super().__init__(name,age)
    def hunting(self):
        '''''打印猎犬正在狩猎的信息'''
        print('This dog is hunting.')
spt_dog = SportingDog('Tom',5)
spt_dog.sit()
spt_dog.roll_over()
spt_dog.hunting()
```

首先我们创建了名为 SportingDog 的类,后面的括号指明它是从父类 Dog 继承而来的。

super()是一个特殊的函数,可以将父类与子类关联起来。这行代码调用了父类的 __init__()方法,让 SportingDog 类的示例包含父类的所有属性。父类也称为超类 (superclass),这是此处 super 的由来。

接下来定义了 SportingDog 类独有的方法 hunting,并创建了名叫 Tom,年龄为 5 的 spt_dog 示例。

最后我们不仅可以使用父类 Dog 具有的方法 sit()和 roll_over(),也可以使用子类 SportingDog 独有的方法 hunting。

运行结果如下:

```
Tom is now sitting.
Tom rolled over.
This dog is hunting.
```

2.2.10 文件

在图像处理中经常会涉及对文件的读取、写入等,接下来介绍 Python 中对文件的操作方法。

首先在桌面上创建一个文本文档,命名为 name.txt,里面存储了一些姓名信息,如图 2.18 所示。使用以下代码打开它:

```
path = r'C:\Users\11041\Desktop\name.txt'
with open(path) as file_object:
contents = file_object.read()
print(contents)
```

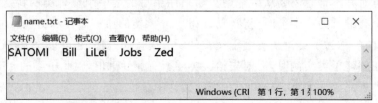

图 2.18 创建 name.txt 文件

我们把 name.txt 文件所在路径存储在变量 path 中,它是一个字符串,用引号括起来。在 Python 中 \ 是转义字符的标志,为了不把\U 当作转义字符,我们在外面加上一个字母 r,表示以原始字符串方式指定路径。

函数 open()接受一个参数:文件所在的路径。关键字 with 在不需要访问文件后自动将其关闭,因此只需要调用 open()而不需要调用 close()。

有了表示文件的对象后,使用方法 read()读取这个文件的全部内容,并将其作为一个字符串储存在变量 contents 中,这样通过打印 contents 就可以将这个文件的内容显示出来。运行结果如下:

```
SATOMI
Bill
LiLei
Jobs
Zed
```

我们也经常需要把得到的数据储存在文件中,这就涉及文件的写入。请看下面的代码示例:

```
path = r'C:\Users\11041\Desktop\pi.txt'
with open(path, 'w') as file_object:
    file_object.write('3.1415926')
```

这次调用 open()函数时传递了 2 个实参,第一个实参是要打开的文件的路径,第二个实参是打开的模式。在上面的例子中,我们使用了写入模式('w')。在打开文件时,可以选择只读模式('r')、写入模式('w')和附加模式('a')或能够读取写入的模式('r+')。如果写入的文件不存在,将会自动创建它。写入模式('w')和附加模式('a')的区别在于,写入模式('w')下新写入的内容会覆盖原有的文件内容,而附加模式('a')下新写入的内容不会覆盖原有的文件内容,而是附加到原有内容后面。如果省略了第二个实参,默认以只读模式打开。

运行上面的代码,会在桌面创建一个名为 pi.txt 的文件,内容为 3.1415926,如图 2.19 所示。

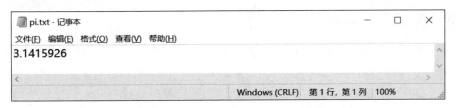

图 2.19　创建 pi.txt 文件

2.3　OpenCV 基础知识

2.3.1　OpenCV 简介

OpenCV 的全称为开源计算机视觉(Open Source Computer Vision),由 Intel 公司在 1999 年开始开发,第一版发行于 2000 年。它是一款免费的计算机视觉开源软件,可以操作图像和视频。

2.3.2　安装 OpenCV

在较新版本的 Python 中不能使用 pip 安装 OpenCV,需要手动下载安装。进入网址 https://www.lfd.uci.edu/~gohlke/pythonlibs/#opencv 找到 OpenCV 选择下载适合的版本。cp 后的数字代表 Python 的版本,cp37 为 Python 3.7,以此类推。

下载完成后在命令行中切换目录到安装包所在路径(以桌面为例),输入 pip install 文件名,如图 2.20 所示。

```
■ Command Prompt                                                    —  □  ×
Microsoft Windows [版本 10.0.17763.678]
(c) 2018 Microsoft Corporation。保留所有权利。

C:\Users\11041>cd C:\Users\11041\Desktop\

C:\Users\11041\Desktop>pip install opencv_python-4.1.1-cp37-cp37m-win_amd64.whl
Looking in indexes: http://mirrors.aliyun.com/pypi/simple/
Processing c:\users\11041\desktop\opencv_python-4.1.1-cp37-cp37m-win_amd64.whl
Installing collected packages: opencv-python
Successfully installed opencv-python-4.1.1
```

图 2.20　安装 OpenCV

安装完成后输入 python→import cv2,出现>>>符号代表安装并导入成功,如图 2.21 所示。

```
■ Command Prompt - python                                           —  □  ×
Microsoft Windows [版本 10.0.17763.678]
(c) 2018 Microsoft Corporation。保留所有权利。

C:\Users\11041>python
Python 3.7.3 (v3.7.3:ef4ec6ed12, Mar 25 2019, 22:22:05) [MSC v.1916 64 bit (AMD64)] on win32
Type "help", "copyright", "credits" or "license" for more information.
>>> import cv2
>>>
```

图 2.21　导入 OpenCV

2.3.3　图像文件基本操作

在 OpenCV 中对图像文件进行读取、显示、保存是最基本的操作。请看下面的代码示例:

```
import cv2
img = cv2.imread(r'C:\Users\11041\Desktop\SATOMI.png',1)
cv2.imshow('SATOMI',img)
cv2.waitKey(0)
```

imread()函数用来读取图像,它接受 2 个实参,第一个为图像文件所在的路径,第二个为读取类型 flags,默认为 1,具体见表 2.1。

表 2.1 中第 1 列与第 3 列的内容是等价的。它们在作为函数的第二个参数传递时效果是相同的。

imshow()函数用来显示图像,同样有 2 个参数。第一个为展示窗口的名称,第二个为要展示的图像。

表 2.1　flags 标记值

值	含　义	数值
cv2. IMREAD_UNCHARGRD	保持原格式不变	−1
cv2. IMREAD_GRAYSCALE	将图像调整为单通道的灰度图像	0
cv2. IMREAD_COLOR	将图像调整为 3 通道的 BGR 图像。该值是默认值	1
cv2. IMREAD_ANYDEPTH	当载入图像为 16 位或 32 位时,返回对应的深度图像,则将其转换为 8 位图像	2
cv2. IMREAD_ANYCOLOR	以任何可能的颜色格式读取图像	4

　　waitKey()函数用来等待按键,当用户按下键盘后,该语句会被执行,并获取返回值。如果不加这句代码,图片会在打开后马上关闭,一闪而过。括号内的参数为等待键盘触发的时间,单位是 ms。当该值是负数或零时,表示无限等待,该值默认为 0。当有按键被按下,waitKey()函数返回该按键的 ASCII 码,如果没有按键按下,则返回−1。

　　下面来研究一下 imread()函数在打开图像时做了什么。输入以下的代码:

```
import cv2
img = cv2.imread(r'C:\Users\11041\Desktop\SATOMI.png', -1)
print(img)
print(img.shape)        #.shape 操作可以显示矩阵的形状
```

　　运行结果如下:

```
[[[166 173 188]
  [158 166 180]
  [159 167 181]
  ...
 [[159 168 179]
  [151 160 171]
  [154 163 175]
  ...
#中间省略
  [80 106 131]
  [81 105 129]
  [82 105 129]]]
  ...
(720, 1280, 3)
```

　　可以看到读取出的 img 是一个很大的三阶数组(或者叫张量 tensor),它的形状是(720,1280,3),为什么呢? 下面来看一下原图像文件的属性,如图 2.22 所示。

　　因为原图像的分辨率为 1280×720,即宽(Width)为 1280 个像素点,高(Height)为 720个像素点,且它是一张彩色图片,由 3 个通道数(Channels)组成(一般为 RGB,在 OpenCV 中为 BGR)。因此 img 矩阵的形状正是图像的高(Height)× 宽(Height)× 通道数(Channels),即(H,W,C)。每个色彩通道的取值范围都是[0,255],img 矩阵中的每个值就是这个像素点在其中一个通道中的值。

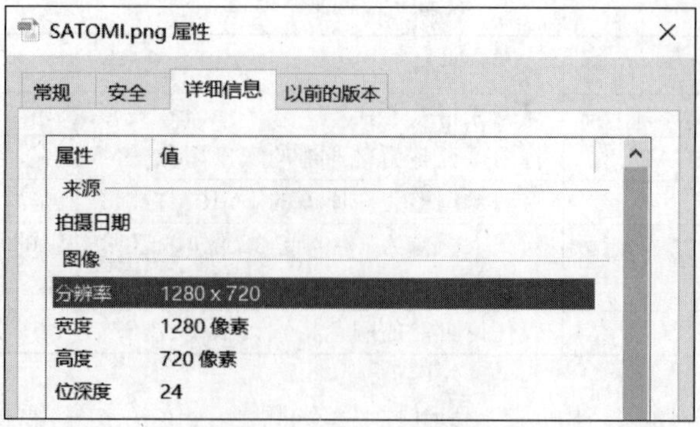

图 2.22 图像文件的属性

imwrite()函数可以用来保存图像,请看下面的代码示例:

```
import cv2
img = cv2.imread(r'C:\Users\11041\Desktop\SATOMI.png',1)
cv2.imwrite(r'C:\Users\11041\Desktop\01.png',img)
```

上面的代码将原图像的副本命名为 01.png 后保存到指定路径。imwrite()函数的第一个参数为新保存的图像副本的路径与文件名,第二个参数为原图像。另外,第三个参数表示特定格式保存的参数编码,一般情况下保持默认值,不需要填写。

## 第3章

图像的直方图表示与变换

本章学习目标
- 掌握直方图表示与变换的基础知识
- 熟练掌握常用的几种直方图表示与变换操作的实现方法

本章将从图像直方图的表示与变换两方面入手,对图像直方图进行介绍,主要内容包括:直方图的定义、直方图的变换、基于直方图的图像变换。

3.1 灰度直方图

直方图是用一系列高度不等的纵向条纹或线段表示数据分布情况的统计报告图。一般用横轴表示数据类型,纵轴表示分布情况。在图像处理中,图像直方图由于其计算代价较小,且具有图像平移、旋转、缩放不变性等众多优点,被广泛地应用于图像处理的各个领域。在数字图像处理中,灰度直方图是一种计算代价非常小但却很有用的工具,它概括了一幅图像的灰度级信息。通过观察灰度直方图可以得到图像的灰度级范围,而图像对比度就是通过灰度级范围来度量的。灰度级范围越大代表对比度越高;反之,对比度越低。低对比度的图像在视觉上给人的感觉是看起来不够清晰,所以通过算法调整图像的灰度值,从而调整图像的对比度是非常方便的。

3.1.1 灰度直方图原理

在介绍灰度直方图之前,我们首先要了解什么是灰度。举个例子,过去,人们拍摄的照片都是黑白的,电视机画面也是黑白的,这些黑白的照片和电视画面就是现在我们所说的灰度图片,图片上的各个点的像素都是由不同的灰度值表示出来的。

那么到底什么才是灰度图片呢?通常,习惯上把白色与黑色之间按对数关系分成若干级,称为"灰度等级"。范围一般从 0 到 255,白色为 255,黑色为 0,故灰度等级为 0 到 255 的黑白图片也称为灰度图像。如果一幅图像中每个像素对应的灰度值和各灰度级的像素数统计如图 3.1 上半部分所示,该图像可以用图 3.1 中的直方图描述。

灰度直方图描述了一幅图像的灰度级统计信息,主要应用于图像分割和图像灰度变换等处理过程中。图像的灰度直方图其实就是一个灰度级的函数,描述的是图像中每种灰度级像素的个数,反映图像中每种灰度出现的次数或者概率。灰度直方图是一个二维图,横坐标是图片中各个像素点的灰度级别,纵坐标是具有各个灰度级别的像素在图像中出现的次数或概率。每个横坐标也称为直方图的一个 bin(收集箱)。

图像的灰度直方图是一个离散函数,它表示图像灰度级与该灰度级出现的频率的对应

1	2	3	4	5	6
6	4	3	2	2	1
1	6	6	4	6	6
3	4	5	6	6	6
1	4	6	6	2	3
1	3	6	4	6	6

灰度值	1	2	3	4	5	6
像素数	5	4	5	6	2	14

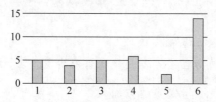

图 3.1 图像像素数统计及灰度直方图

关系。假设一幅图像的像素总数为 N，灰度级总数为 L，其中灰度级为 $i(0 \leqslant i \leqslant L)$ 的像素总数为 N_i，则这幅图像的灰度直方图横坐标即为灰度 i，纵坐标为灰度级为 i 的像素个数 N_g。

3.1.2 灰度直方图的 OpenCV 和 Python 实现

使用 OpenCV 统计绘制直方图，主要通过调用函数 calcHist() 实现，调用语法为：

```
hist = cv2.calcHist(images, channels, mask, histSize, ranges, accumulate)
```

参数说明：
- hist：表示直方图，返回的是一个二维数组。
- images：表示输入的原始图像。
- channels：表示选择要统计的图像通道。其中，通道编号需要用中括号括起，输入图像是灰度图像时，它的值为[0]，彩色图像则为[0]、[1]、[2]，分别表示 B、G、R。
- mask：表示掩码图像。统计整幅图像的直方图，设为 None，统计图像的某一部分直方图时，需要掩码图像。
- histSize：表示 BINS 的数量，即灰度级的数目。例如当 bins=3 表示三个灰度级。
- ranges：表示像素值范围，即横轴范围。例如[0，255]。
- accumulate：表示累计叠加标识，默认为 false。如果该参数被设置为 true，则直方图在开始分配时不会被清零，该参数允许从多个对象中计算单个直方图，或者用于实时更新直方图，多个直方图的累积结果用于对一组图像的直方图计算。

灰度图像直方图的生成与实现程序如下：

```
import cv2
import numpy as np
from matplotlib import pyplot as plt
img = cv2.imread('C:/Users/Administrator/Desktop/lenaNoise.jpg',0)
cv2.imshow("Gray",img)              # 显示 img 中读取的灰度图片
hist = cv2.calcHist([img], [0], None,[256], [0,256])
```

```
plt.title("Grayscale Histogram")        #图像的标题
plt.hist(img.ravel(),256)               #画出灰度直方图
plt.show()
```

上述程序的运行结果如图 3.2 所示。图 3.2(a)为读取的原始图像,图 3.2(b) 中的灰度直方图的纵轴坐标表示图像中所有像素取到某一特定灰度值的次数,横轴对应 0～255 的所有灰度值。图 3.2(b) 所示的直方图有 256 个 bin。

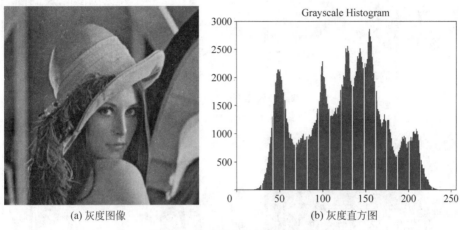

(a) 灰度图像　　　　　　　　(b) 灰度直方图

图 3.2　灰度图像和灰度直方图

分析图像的灰度直方图可以得到很多有效的信息。例如,从图 3.3～图 3.6 的一系列灰度直方图上,可以很直观地看出图像的亮度和对比度特征。直方图的峰值位置说明了图像总体上的明暗。如图 3.3 所示,图像较暗,则直方图的峰值出现在直方图的较左部分。如图 3.4 所示,图像较亮,则直方图的峰值出现在直方图的较右部分。如图 3.5(b) 所示,直方图上非零值较多,则这张图的对比度较低;反之,如图 3.6(b) 所示,直方图的非零值很宽,而且比较均匀,则图像的对比度较高。

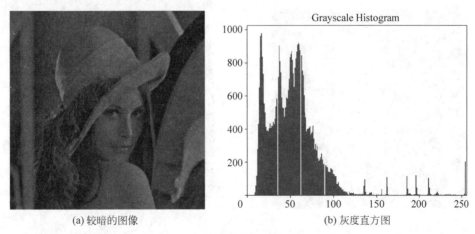

(a) 较暗的图像　　　　　　　　(b) 灰度直方图

图 3.3　较暗图像和灰度直方图

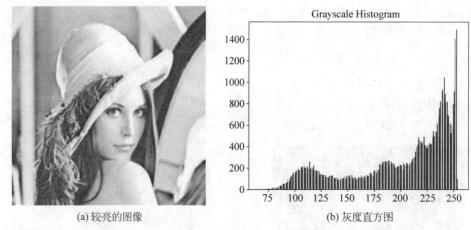

(a) 较亮的图像   (b) 灰度直方图

图 3.4   较亮图像和灰度直方图

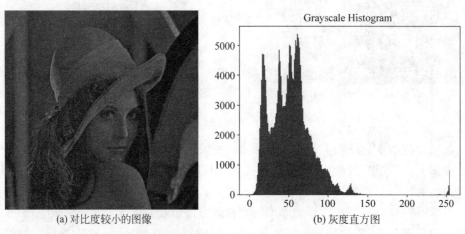

(a) 对比度较小的图像   (b) 灰度直方图

图 3.5   对比度较小图像和灰度直方图

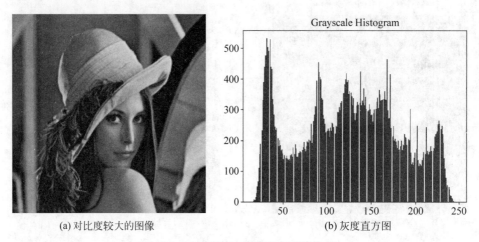

(a) 对比度较大的图像   (b) 灰度直方图

图 3.6   对比度较大图像和灰度直方图

3.2　直方图均衡化

在现实的拍摄过程中，可能拍摄到的画面不够清晰。例如某个视频监控区域拍到的视频细节不够清晰。这是由于所拍摄到图像的灰度分布集中在较窄的范围内，这就导致了图像的细节不够清晰。为了使图像变得清晰，就需要使得灰度值的差别变大，即要求灰度分布更宽，这样才能使图像的对比度更强。直方图均衡化是把原始图像的灰度直方图从比较集中的某个灰度区间变成在全部灰度范围内均匀分布的过程。

3.2.1　直方图均衡化原理

直方图均衡化就是对图像进行非线性拉伸，通过重新分配图像像素值，使一定灰度范围内的像素数量大致相同。均衡化处理后的图像像素占有尽可能多的灰度级并且分布均匀。这是通过增加了图像对比度的方法达到增强图像的目的。具体的做法是用像素总数 n 去除各个灰度级中像素的总数 n_i 得到各个灰度级出现的概率 P_i。以灰度级为横坐标，以各个灰度级出现的概率为纵坐标的直方图就是均衡化之后的直方图。具体步骤如下：

首先计算图像的各灰度级中像素出现的概率 P_i。

$$P_i = \frac{n_i}{n}, \quad i \in 0,1,\cdots,L-1(L \text{ 为灰度级个数}) \tag{3-1}$$

之后计算 P 的累计概率函数 c_i。

$$c_i = \sum_{j=1}^{i} P(x_j) \tag{3-2}$$

最后将 c_i 缩放至 $0\sim255$。

$$y_i = c_i \times 255 \tag{3-3}$$

均衡化之后的直方图和普通的灰度直方图的主要区别是，普通的灰度直方图纵轴坐标是各个灰度级中像素的总数 n_i，而均衡化之后的直方图的纵坐标是各个灰度级出现的概率 P_i。

3.2.2　直方图均衡化的 OpenCV 和 Python 实现

基于 Python 的 OpenCV 提供了一个 equalizeHist() 函数用于图像均衡化，调用语法为：

`cv2.equalizeHist(img)`

直方图均衡化的实现程序如下：

```python
import cv2
import numpy as np
from matplotlib import pyplot as plt

img = cv2.imread('gray.jpg',0)
equal = cv2.equalizeHist(img)          #直方图均衡化
hist = cv2.calcHist([equal], [0], None,[256], [0,256])
cv2.imshow("equal",equal)
plt.hist(equal.ravel(),256)
plt.show()
```

上述程序首先使用 equalizeHist()函数对读入的图像进行直方图均衡化操作,再使用 calcHist()函数统计直方图均衡化后图像的直方图。原始图像和原始图像的直方图如图 3.7 所示。直方图均衡化之后的图像和均衡化之后的直方图如图 3.8 所示。可以看到,经过直方图均衡化之后,图 3.8 中的直方图非零值分布更宽且比较均匀,直方图均衡化之后的图像的对比度也更强了。

(a) 原始图像

(b) 灰度直方图

图 3.7　原始图像与直方图

(a) 均衡化后图像

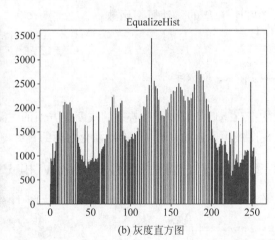

(b) 灰度直方图

图 3.8　均衡化后图像与直方图

图 3.9 展示了对比度较小的原始图像的直方图。图 3.10 为对图 3.9 中的图像进行直方图均衡化之后的图像效果和对应的直方图。可以看到,图 3.10 中的直方图有了更多的非零值,图片的对比度也有了明显的提高。

图 3.11 为亮度较高的图像和该图像对应的直方图。图 3.12 为对图 3.11 中的图像进行直方图均衡化后的图像效果和均衡化后图像对应的直方图。图 3.13 为亮度较低的图像和该图像对应的直方图。图 3.14 展示了亮度较低的图像直方图均衡化之后的图像效果和对应的直方图。

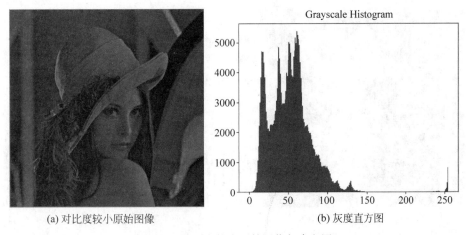

(a) 对比度较小原始图像　　　　　(b) 灰度直方图

图 3.9　对比度较小原始图像与直方图

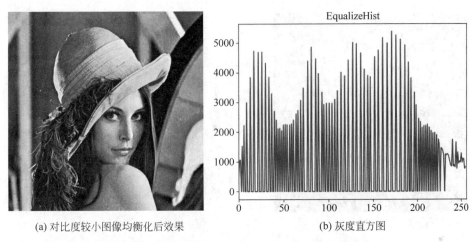

(a) 对比度较小图像均衡化后效果　　　　(b) 灰度直方图

图 3.10　对比度较小图像均衡化后效果与直方图

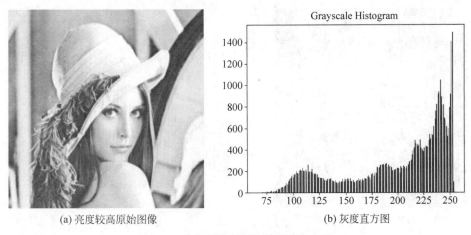

(a) 亮度较高原始图像　　　　　(b) 灰度直方图

图 3.11　亮度较高原始图像与直方图

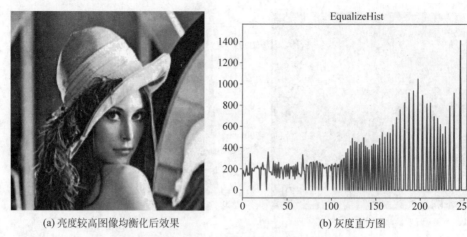

(a) 亮度较高图像均衡化后效果   (b) 灰度直方图

图 3.12　亮度较高图像均衡化后效果与直方图

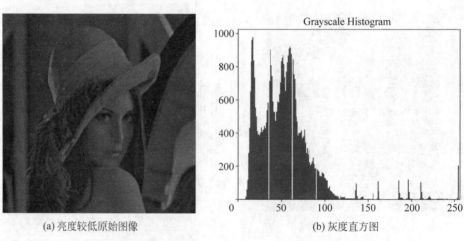

(a) 亮度较低原始图像   (b) 灰度直方图

图 3.13　亮度较低原始图像与直方图

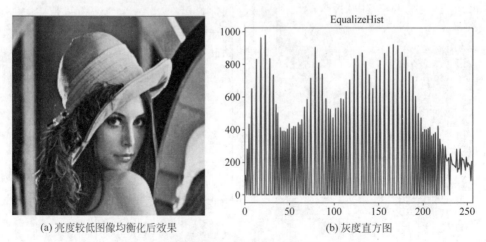

(a) 亮度较低图像均衡化后效果   (b) 灰度直方图

图 3.14　亮度较低图像均衡化后效果与直方图

从图 3.9～图 3.14 的例子可以看出,通过直方图均衡化的方法即可对于对比度较低的图像、亮度较高的图像、亮度较低的图像进行图像增强处理。

3.3　直方图规定化

直方图均衡化的优点是能自动地增强整个图像的对比度,不足之处是用户不能控制局部的增强效果。实际应用中有时需要修正直方图使之成为某个特定的形状,从而可以有选择的增强图像中某个灰度值范围内的对比度或使图像灰度值的分布满足特定的要求,这时可以采用比较灵活的直方图规定化的方法。

直方图规定化是运用在均衡化原理的基础上的,通过建立原始图像和期望图像(待匹配图像)之间的关系,使原始图像的直方图匹配特定的形状,即增强特定灰度级分布范围内的图像。所以,从某种意义上,直方图规定化可看作是直方图均衡化方法的改进。

3.3.1　直方图规定化原理

在学习直方图规定化原理之前,我们先来了解一下概率密度函数的概念。在数学中,连续型随机变量的概率密度函数是一个描述这个随机变量的输出值在某个确定的取值点附近的可能性的函数。而随机变量的取值落在某个区域之内的概率则为概率密度函数在这个区域上的积分。当概率密度函数存在的时候,累积分布函数是概率密度函数的积分。概率密度函数一般以小写标记。对于一维实随机变量 x,设它的累积分布函数是 $F_x(x)$,如果存在可测函数 f_x 满足式(3-4),那么 x 是一个连续型随机变量,并且 $f_x(x)$ 是它的概率密度函数。

$$F_x(x) = \int_{-\infty}^{x} f_x(t)\,\mathrm{d}t \tag{3-4}$$

直方图规定化的目的就是调整原始图像的直方图使之符合某一规定直方图的要求。设 $p_r(r)$ 和 $p_z(z)$ 分别表示原始灰度图像和目标图像的灰度分布概率密度函数。根据直方图规定化的特点与要求,应使原始图像的直方图具有 $p_z(z)$ 所表示的形状。因此,建立 $p_r(r)$ 和 $p_z(z)$ 之间的关系是直方图规定化必须要解决的问题。

根据直方图均衡化理论,首先对原始图像进行直方图均衡化处理,如式(3-5)所示。

$$s = T(r) = \int_0^r p_r(x)\,\mathrm{d}x \tag{3-5}$$

对于目标图像也采用同样的方法进行均衡化处理,如式(3-6)所示。

$$v = G(z) = \int_0^z p_z(x)\,\mathrm{d}x \tag{3-6}$$

上式的逆变换如式(3-7)所示:

$$z = G^{-1}(v) \tag{3-7}$$

式(3-7)表明,可通过均衡化后的灰度级 v 求出目标函数的灰度级 z。由于对目标图像和原始图像都进行了均衡化处理,因此具有相同的分布密度,如式(3-8)所示。

$$p_s(s) = p_v(v) \tag{3-8}$$

因而可以用原始图像均衡化后的灰度级 s 代表 v,如式(3-9)所示。

$$z = G^{-1}(v) = G^{-1}(s) \tag{3-9}$$

所以可以依据原始图像均衡化后的图像的灰度值得到目标图像的灰度级 z。

根据上述理论推导,可以得出直方图规定化处理的一般步骤,步骤如下:

(1) 根据直方图均衡化原理,对原始图像的直方图进行灰度均衡化处理,见式(3-5);

(2) 按照目标图像的概率密度函数 $p_z(z)$,求解目标图像进行均衡化处理的变换函数 $G(z)$,见式(3-6);

(3) 用原始图像均衡化得到的灰度级 s 代替 v,求解逆变换 $z = G^{-1}(s)$,见式(3-9)。

所谓直方图规定化,就是通过一个灰度映像函数,将原图像具有的灰度直方图改造成所希望的直方图,从而使得原图像呈现所希望的直方图具有的效果和风格。所以,直方图修正的关键就是灰度映像函数。

3.3.2 直方图规定化的 OpenCV 和 Python 实现

直方图规定化的实现程序如下:

```
import cv2
import numpy as np
import matplotlib.pyplot as plt

img0 = cv2.imread('dark.jpg')                                    ♯读取原图像
scr = cv2.imread('graysky.jpg')                                  ♯读取目标图像
img0 = cv2.cvtColor(img0, cv2.COLOR_BGR2GRAY)
img = img0.copy()                                                ♯用于之后做对比
scr = cv2.cvtColor(scr, cv2.COLOR_BGR2GRAY)
mHist1 = []   mNum1 = []   inhist1 = []
mHist2 = []   mNum2 = []   inhist2 = []
for i in range(256):                                             ♯对原图像进行均衡化
mHist1.append(0)
row, col = img.shape                                             ♯获取原图像像素点的宽度和高度
for i in range(row):
    for j in range(col):
        mHist1[img[i,j]] = mHist1[img[i,j]] + 1                  ♯统计灰度值的个数
mNum1.append(mHist1[0]/img.size)
for i in range(0,255):
    mNum1.append(mNum1[i] + mHist1[i + 1]/img.size)
for i in range(256):
    inhist1.append(round(255 * mNum1[i]))
for i in range(256):                                            ♯对目标图像进行均衡化
    mHist2.append(0)
rows, cols = scr.shape                                          ♯获取目标图像像素点的宽度和高度
for i in range(rows):
    for j in range(cols):
        mHist2[scr[i,j]] = mHist2[scr[i,j]] + 1                 ♯统计灰度值的个数
mNum2.append(mHist2[0]/scr.size)
for i in range(0,255):
    mNum2.append(mNum2[i] + mHist2[i + 1]/scr.size)
for i in range(256):
    inhist2.append(round(255 * mNum2[i]))
```

```
g = [ ]                                    ♯用于放入规定化后的图像像素
for i in range(256):                       ♯进行规定化
a = inhist1[i]    flag = True
for j in range(256):
if inhist2[j] == a:
                    g. append(j)
flag = False
break
if flag == True:
minp = 255
for j in range(256):
b = abs(inhist2[j] - a)
                    if b < minp:
                        minp = b
jmin = j
g. append(jmin)
for i in range(row):
    for j in range(col):
        img[i, j] = g[img[i, j]]
cv2. imshow("original", img0)
cv2. imshow("scr", scr)
cv2. imshow("img", img)
plt. hist(img0. ravel(), 256)
plt. hist(scr. ravel(), 256)
plt. hist(img. ravel(), 256)
plt. show()
```

上述程序的运行结果如图 3.15~图 3.17 所示。该程序将图 3.15 中的原始图像的直方图映射成和图 3.16 一样的直方图。原始图像规定化后的图像如图 3.17 所示。图 3.15 中的原始图片呈现了和图 3.17 一样的较暗的风格。

(a) 原始图像

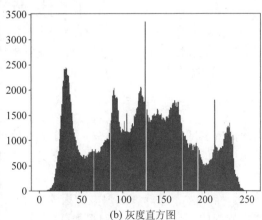

(b) 灰度直方图

图 3.15　原始图像与直方图

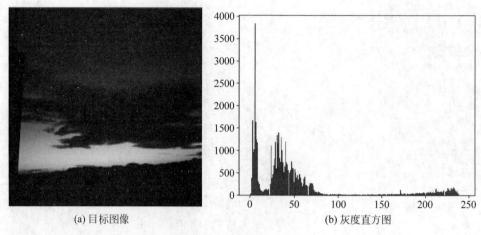

(a) 目标图像 (b) 灰度直方图

图 3.16 目标图像与直方图

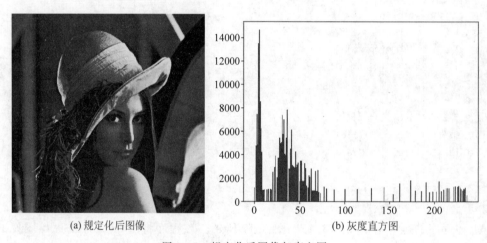

(a) 规定化后图像 (b) 灰度直方图

图 3.17 规定化后图像与直方图

3.4 线 性 变 换

图像的灰度线性变换是通过建立灰度映射来调整原始图像的灰度,从而改善图像的质量,凸显图像的细节,提高图像的对比度。

3.4.1 线性变换原理

把图像的灰度直方图看作是关于图像灰度值的一个函数,即每张图片都可以得到一个关于其灰度值的分布函数。可以通过线性变换让其灰度值的范围变大,如下所示。

$$D_B = a \times D_A + b \tag{3-10}$$

式中,D_B 表示灰度线性变换后的灰度值,D_A 表示变换前输入图像的灰度值,a 和 b 为线性变换方程的参数,分别表示斜率和截距。

(1) 当 $a=1, b=0$ 时,保持原始图像不变;

（2）当 $a=1$ 时，图像所有的灰度值上移（$b>0$）或下移（$b<0$），也就是图像整体变亮或者变暗，不会改变图像的对比度。其中，$b>0$ 时，图像变亮，$b<0$ 时，图像变暗；

（3）当 $a=-1$，$b=255$ 时，原始图像的灰度值反转；

（4）当 $a>1$ 时，输出图像的对比度增强，图像看起来更加清晰；

（5）当 $0<a<1$ 时，输出图像的对比度减小，图像看起来变暗；

（6）当 $a<0$ 时，原始图像暗区域变亮，亮区域变暗。

3.4.2　线性变换的 OpenCV 和 Python 实现

以图像灰度值增长为例，实现代码如下：

```
import cv2
import numpy as np
import matplotlib.pyplot as plt

img = cv2.imread('gray.jpg')

grayImage = cv2.cvtColor(img, cv2.COLOR_BGR2GRAY)    ♯图像灰度转换
height = grayImage.shape[0]                          ♯获取图像高度
width = grayImage.shape[1]                           ♯获取图像宽度
result = np.zeros((height, width), np.uint8)         ♯创建一幅图像
for i in range(height):
for j in range(width):
if (int(grayImage[i,j] * 2) > 255):  gray = 255      ♯防溢出判断
else:  gray = int(grayImage[i,j] + 50)              ♯每个像素点的灰度值增加 50
result[i,j] = np.uint8(gray)
cv2.imshow("Result", result)
plt.hist(grayImage.ravel(),256)
plt.show()
```

上述程序的作用是将每个像素点的灰度值增加 50，其运行结果如图 3.18 和图 3.19 所示。

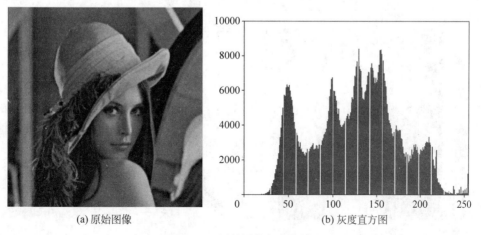

(a) 原始图像　　　　　　　　　　　　(b) 灰度直方图

图 3.18　原始图像与直方图

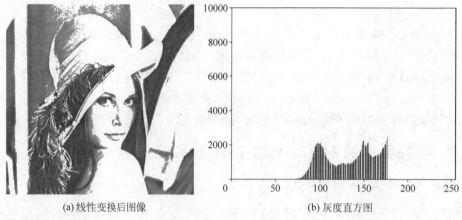

(a) 线性变换后图像   (b) 灰度直方图

图 3.19 线性变换后图像与直方图

以改变图像对比度为例,运行结果如图 3.20 和图 3.21 所示。在更改图像对比度时,程序的代码部分只需要将图像灰度值增长的代码中的 gray＝int(grayImage$[i,j]$＋50)更改为 gray ＝ int(grayImage$[i,j]$＊0.8),即每个像素的像素值变为原值的 80％。从图中可以看出,将原始图像的对比度减小,变化后的图像与原始图像相比明显不清楚了,很多细节部分难以看清。

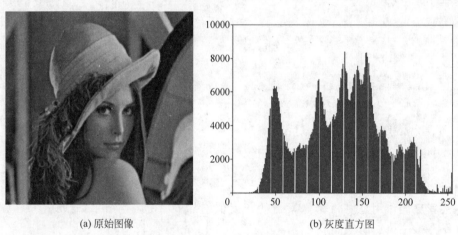

(a) 原始图像   (b) 灰度直方图

图 3.20 原始图像与直方图

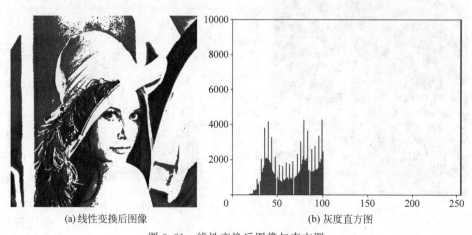

(a) 线性变换后图像   (b) 灰度直方图

图 3.21 线性变换后图像与直方图

3.5　对　数　变　换

本节介绍的是一种灰度的非线性变换，即对数变换。由于对数曲线在像素值较低的区域斜率较大，在像素值较高的区域斜率较小，所以图像经过对数变换后，较暗区域的对比度将有所提升，因此可以用于增强图像的暗部细节。

3.5.1　对数变换原理

图像灰度的对数变换一般表示如式(3-11)所示。

$$D_B = c \times \log(1 + D_A) \tag{3-11}$$

其中，c 为尺度比较常数，D_A 为原始图像灰度值，D_B 为变换后的目标灰度值。

对数图像如图 3.22 所示。

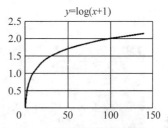

对数变换实现了扩展低灰度值而压缩高灰度值的效果，被广泛地应用于频谱图像的显示中。一个典型的应用是傅里叶频谱，其动态范围可以宽达 $0 \sim 10^6$。直接显示频谱时，图像显示设备的动态范围往往不能满足要求，从而丢失大量的暗部细节。而在使用对数变换之后，图像的动态范围被合理地非线性压缩，因此可以更加清晰地显示。

图 3.22　对数曲线下的灰度值变化

3.5.2　对数变换的 OpenCV 和 Python 实现

图像对数变换的实现程序如下：

```python
import cv2
import numpy as np
import matplotlib.pyplot as plt

def log(c, img):
    output = c * np.log(1 + img)
    output = np.uint8(output)
return output
img = cv2.imread('sky.jpg',0)              # 读取原始图像
output = log(40, img)                      # 进行对数变换,c = 40
cv2.imshow('Output', output)               # 显示图像与直方图
cv2.imshow('img', img)
plt.hist(output.ravel(),256)
plt.show()
```

上述程序的运行结果如图 3.23 和图 3.24 所示。

由图 3.24 可以看出，原始图像中较暗部分的对比度经对数变换后明显提高，图像的亮度也有所提升，图像暗部的细节能看得更加清楚，由此实现图像增强的目的。

(a) 原始图像

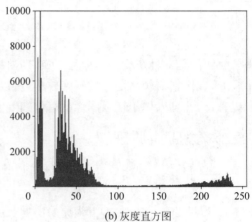
(b) 灰度直方图

图 3.23   原始图像与直方图

(a) 经过对数变换后的图像

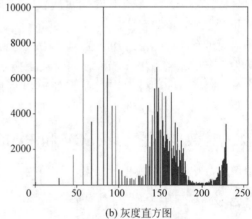
(b) 灰度直方图

图 3.24   经过对数变换后的图像与直方图

3.6   伽马变换

在低照度下,人眼更容易分辨出亮度的变化。而在高照度下,人眼对亮度的变化不敏感。因此,为了能更清晰地辨识高照度的图像,对于那些因过曝光导致的高亮图像可以使用伽马变换的方法来增强图像。

3.6.1   伽马变换原理

伽马变换又叫做指数变换或幂变换,是一种常用的灰度非线性变换,其一般表达式如式(3-12)所示。

$$D_B = c \times D_A^{\gamma} \tag{3-12}$$

其中,D_A 和 D_B 的取值范围均为$[0,1]$,γ 则为伽马系数。

与对数变换不同,伽马变换可以根据 γ 的不同取值选择性地增强低灰度区域的对比度或是高灰度区域的对比度。γ 是图像灰度矫正中一个非常重要的参数,其取值决定了是增强低灰度区域还是增强高灰度区域。其中:

(1) 当 $\gamma > 1$ 时,会拉伸图像中灰度级较高的区域,压缩灰度级较低的部分,即图像的高灰度区域对比度得到增强。

(2) 当 $\gamma < 1$ 时,会拉伸图像中灰度级较低的区域,压缩灰度级较高的部分,即图像的低灰度区域对比度得到增强。

(3) 当 $\gamma = 1$ 时,该灰度变换是线性的,此时就是通过线性方式来改变原图像。

经过伽马变换后的输入和输出图像灰度值关系如图 3.25 所示。图中的虚线部分是 γ 值小于 1 时的输入输出关系,图中的点线部分是 γ 值大于 1 时的输入输出关系。

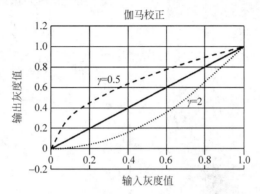

图 3.25 伽马变换后的输入和输出图像灰度值

3.6.2 伽马变换的 OpenCV 和 Python 实现

分别以 $\gamma = 0.5$ 以及 $\gamma = 2$ 为例展示了图像伽马变换的效果,伽马变换的程序代码如下所示:

```python
import cv2
import numpy as np
import matplotlib.pyplot as plt

img = cv2.imread('gray.jpg',0)
img1 = np.power(img/float(np.max(img)), 1/2)    # γ = 0.5
img2 = np.power(img/float(np.max(img)), 2)      # γ = 2
cv2.imshow('original',img)
cv2.imshow('r = 1/2',img1)
cv2.imshow('r = 2',img2)
plt.hist(img.ravel(),256)
plt.hist(img1.ravel(),256)
plt.hist(img2.ravel(),256)
plt.show()
```

上述程序的运行结果如图 3.26~图 3.28 所示。由图 3.27 可知,当 $\gamma = 1/2$ 时,图像的低灰度区域对比度得到增强;由图 3.28 可知,当 $\gamma = 2$ 时,图像的高灰度区域对比度得到增强。所以图像的伽马变换也是通过调节图像的对比度来达到图像增强的目的。

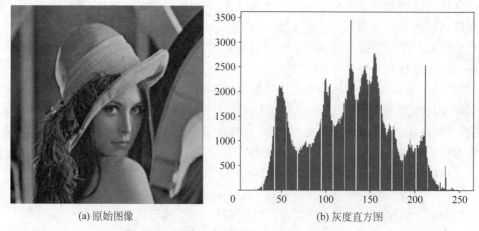

(a) 原始图像   (b) 灰度直方图

图 3.26   原始图像与直方图

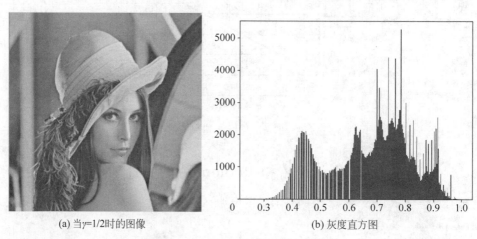

(a) 当 $\gamma=1/2$ 时的图像   (b) 灰度直方图

图 3.27   当 $\gamma=1/2$ 时的图像与直方图

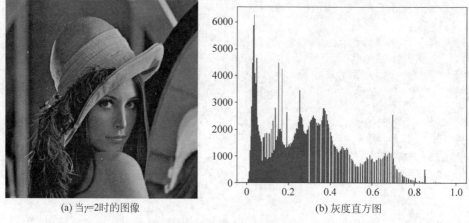

(a) 当 $\gamma=2$ 时的图像   (b) 灰度直方图

图 3.28   当 $\gamma=2$ 时的图像与直方图

3.7 阈值变换

一幅图像包括目标物体、背景和噪声,要想从多值的数字图像中直接提取出目标物体,常用的方法之一就是设定一个阈值 T,用 T 将图像的数据分成两部分:大于 T 的像素群和小于 T 的像素群。这种研究灰度变换的最特殊的方法,称为图像的二值化,即阈值变换。

通常情况下,阈值变换适用于目标与背景灰度有较强对比的情况,重要的是背景或物体的灰度比较单一,而且总可以得到封闭且连通区域的边界。

3.7.1 阈值变换原理

灰度阈值变换的函数表达式如下。

$$f(x) = \begin{cases} 0, & x < T \\ 255, & x \geqslant T \end{cases} \tag{3-13}$$

其中,T 为指定的阈值。例如用户指定一个起到分界线作用的灰度值 127,如果图像中某像素的灰度值小于 127,则将该像素的灰度值设置为 0,否则设置为 255,如图 3.29 所示。这个起到分界线作用的灰度值称为阈值。

图 3.29 灰度阈值变换示意图

灰度阈值变换的用途和可扩展性都非常广泛。通过将一幅灰度图像转为二值图像,将图像内容直接划分为我们关心的和不关心的两部分,从而在复杂背景中直接提取出感兴趣的目标。因此它是图像分割的重要手段之一。

3.7.2 阈值变换的 OpenCV 和 Python 实现

选取一个全局阈值,然后把整幅图像分成非黑即白的二值图像。调用语法为:

```
ret,thresh = cv2.threshold(images, m,n,method)
```

参数说明:
- ret:表示返回的阈值。
- thresh:表示阈值处理后的图像。
- images:表示要进行阈值变换的图像。
- m:表示设定的灰度阈值。
- n:表示高于(或低于)阈值时赋予的新值。

- method：表示选择何种方法进行阈值分割。常用的阈值分割方法有以下五种：①cv2. THRESH_BINARY：黑白二值,高于阈值的归 1,低于的归 0；②cv2. THRESH_ BINARY _INV：黑白二值翻转,第一种情况的反作用；③cv2. THRESH_TRUNC：把大于阈值的变成等于阈值；④cv2. THRESH_TOZERO：当像素高于阈值时像素设置为自己设置的像素值,低于阈值时不作处理；⑤cv2. THRESH_ TOZERO_ INV：当像素低于阈值时设置为自己设置的像素值,高于阈值时不作处理。

图像阈值变换的实现程序如下：

```
import cv2
import numpy as np
from matplotlib import pyplot as plt

img = cv2.imread('lenaNoise.jpg',0)
GrayImage = cv2.cvtColor(img,cv2.COLOR_BGR2GRAY)
ret,thresh1 = cv2.threshold(GrayImage,127,255,cv2.THRESH_BINARY)
ret,thresh2 = cv2.threshold(GrayImage,127,255,cv2.THRESH_BINARY_INV)
ret,thresh3 = cv2.threshold(GrayImage,127,255,cv2.THRESH_TRUNC)
ret,thresh4 = cv2.threshold(GrayImage,127,255,cv2.THRESH_TOZERO)
ret,thresh5 = cv2.threshold(GrayImage,127,255,cv2.THRESH_TOZERO_INV)
cv2.imshow("GrayImage", img)
cv2.imshow("result",thresh1)
cv2.imshow("result",thresh2)
cv2.imshow("result",thresh3)
cv2.imshow("result",thresh4)
cv2.imshow("result",thresh5)
plt.hist(img.ravel(),256)
plt.hist(GrayImage.ravel(),256)
plt.hist(thresh1.ravel(),256)
plt.axis([0,255, 0, 5000])
plt.show()
plt.hist(img.ravel(),256)
plt.hist(GrayImage.ravel(),256)
plt.hist(thresh2.ravel(),256)
plt.axis([0,255, 0, 5000])
plt.show()
plt.hist(img.ravel(),256)
plt.hist(GrayImage.ravel(),256)
plt.hist(thresh3.ravel(),256)
plt.axis([0,255, 0, 5000])
plt.show()
plt.hist(img.ravel(),256)
plt.hist(GrayImage.ravel(),256)
plt.hist(thresh4.ravel(),256)
plt.axis([0,255, 0, 5000])
plt.show()
```

```
plt.hist(img.ravel(),256)
plt.hist(GrayImage.ravel(),256)
plt.hist(thresh5.ravel(),256)
plt.axis([0,255, 0, 5000])
plt.show()
```

上述程序分别使用五种方法行了阈值分割：①黑白二值方法，②黑白二值翻转方法，③把大于阈值的变成等于阈值，④当像素高于阈值时像素设置为自己设置的像素值，低于阈值时不作处理，⑤当像素低于阈值时设置为自己设置的像素值，高于阈值时不作处理。原始图片及其对应的直方图如图 3.30 所示。

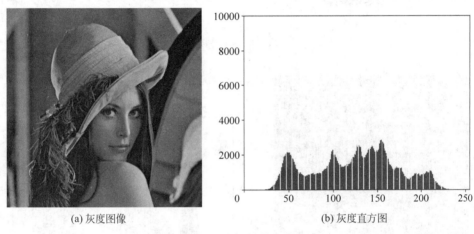

(a) 灰度图像　　　　　　　　　(b) 灰度直方图

图 3.30　原灰度图像与直方图

五种阈值分割方法的运行结果如图 3.31～图 3.35 所示。从五种阈值分割的直方图结果可以看出，对原始灰度图像进行阈值处理后，图像的背景与物体之间的对比度增强，且直方图有了明显的界限，这有利于从图像中直接提取出目标物体。

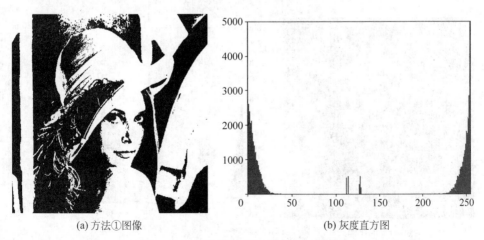

(a) 方法①图像　　　　　　　　(b) 灰度直方图

图 3.31　阈值分割方法①图像与直方图

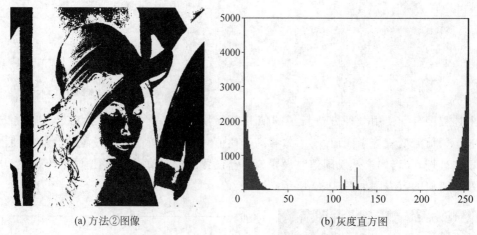

(a) 方法②图像   (b) 灰度直方图

图 3.32 阈值分割方法②图像与直方图

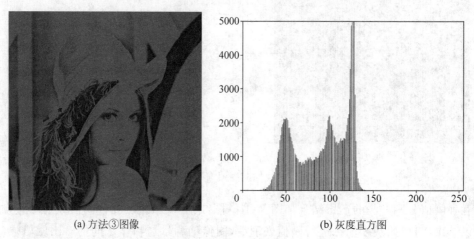

(a) 方法③图像   (b) 灰度直方图

图 3.33 阈值分割方法③图像与直方图

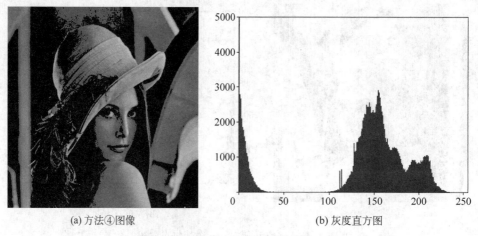

(a) 方法④图像   (b) 灰度直方图

图 3.34 阈值分割方法④图像与直方图

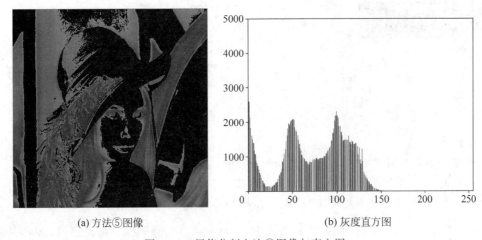

(a) 方法⑤图像　　　　　　　　(b) 灰度直方图

图 3.35　阈值分割方法⑤图像与直方图

## 第 4 章

图像的几何变换

本章学习目标
- 了解各种图像几何变换的相关知识
- 熟练掌握各种图像几何变换的基本原理
- 熟练掌握各种图像几何变换的 Python 和 OpenCV 实现原理和代码操作

本章介绍了图像的几何变换的相关知识,主要包括:图像平移、旋转、缩放、转置、翻转、插值、配准的基本原理和代码实现。

4.1 图像的平移

4.1.1 图像平移的基本原理

图像平移就是将图像上的像素点按照指定的平移量整体水平或者垂直移动。首先,举一个简单的例子,如图 4.1 所示。

一般以左上角为坐标系原点,水平向右为 X 轴正方向,垂直向下为 Y 轴正方向。图形的初始位置在左上角,图形先沿 X 轴正方向平移 300,再沿 Y 轴正方向平移 400,得到如图 4.1 所示的平移图形。例子很容易理解,那么接下来我们用公式和矩阵的方式对图像的平移进行更加精确地描述。假设图像的原坐标 (x, y),先沿 X 轴平移 dx,再沿 Y 轴平移 dy,则目标坐标 (x', y') 的计算方式如式(4-1)所示。

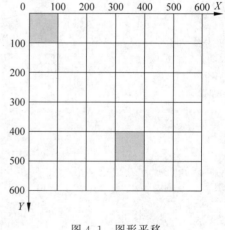

图 4.1 图形平移

$$(x', y') = (x + dx, y + dy) \quad (4\text{-}1)$$

$$\begin{bmatrix} x' \\ y' \end{bmatrix} = \begin{bmatrix} 1 & 0 & dx \\ 0 & 1 & dy \end{bmatrix} \begin{bmatrix} x \\ y \end{bmatrix} \quad (4\text{-}2)$$

式(4-2)是图像平移过程的矩阵表示形式。其中,当 $dx > 0$ 时,表示图像沿 X 轴正方向移动;当 $dx < 0$ 时,表示图像沿 X 轴负方向移动。以此类推,当 $dy > 0$ 时,表示图像沿 Y 轴正方向移动;当 $dy < 0$ 时,表示图像沿 Y 轴负方向移动。

4.1.2 图像平移的 Python 和 OpenCV 实现

在实现图像的平移之前,首先需要构建一个如式(4-3)所示的变换矩阵,然后使用 OpenCV 提供的仿射变换函数进行图像矩阵转换,得到一个平移变换后的图像。使用该函数进行仿射变换调用的语法为:

```
res = cv2.warpAffine(img, H, (cols, rows), borderValue = (255, 255, 255))
```

参数说明：

- res：表示输出的平移图像。
- img：表示输入的原始图像。
- **H**：表示变换矩阵。此矩阵是 2 行 3 列矩阵，必须使用浮点型数据，否则出错。
- cols：表示输出图像的列宽。
- row：表示输出图像的行高。
- (cols，rows)：表示输出图像的大小。
- borderValue＝(255,255,255)：表示画布的颜色，即移动区域填充的颜色。括号中的 3 个数值分别代表 B、G、R，3 个数的取值不同移动区域填充的颜色不同。如果数值全为 255，则表示画布颜色为白色。如果数值全为 0，即表示画布颜色为黑色。

需要说明的是图像本身并不会放大或者缩小，只是显示区域的大小或图像的显示位置发生了变化，也就是把移出显示区域的图像截去，只保留显示区域图像。

$$H = \begin{bmatrix} 1 & 0 & \mathrm{d}x \\ 0 & 1 & \mathrm{d}y \end{bmatrix} \tag{4-3}$$

图像平移的代码如下：

```
import cv2
import numpy as np
img = cv2.imread('D:\ lena.jpg ',1)          #读取原始图像
H = np.float32([[1, 0, 50], [0, 1, 25]])     #构建一个形如式(4-3)所示的转换矩阵 H
rows, cols = img.shape[:2]                    #返回原图像像素的行和列

#注意这里 rows 和 cols 需要反置,移动区域填充颜色白色(255, 255, 255)
res = cv2.warpAffine(img, H, (cols, rows),borderValue = (255, 255,255))

cv2.imshow('origin_picture', img)            #输出原始图像
cv2.imshow('new_picture', res)               #输出平移图像
cv2.waitKey(0)
```

上述程序的运行结果如图 4.2 所示。我们首先通过 cv2.imread() 函数对图 4.2(a) 中的原始图像进行读取，然后根据平移量构建变换矩阵 **H**。接下来使用 **H** 对图像进行平移变换，将图像在 X 轴方向移动 50 像素，在 Y 轴方向移动 25 像素，得到最终的平移图像 4.2(b)。

(a) 原始图像

(b) 平移变换图像

图 4.2　平移变换效果图

4.2 图像的旋转

旋转是指物体围绕一个点或一个轴做圆周运动。同样,图像的旋转是将图像围绕某一指定点进行旋转,但是旋转后图像的大小通常会改变,我们可以将转出显示区域的图像截去,来显示图像。

4.2.1 图像旋转的基本原理

图像的旋转是指图像以某一点为中心,绕着这个点旋转一定的角度,形成一幅新的图像的过程。一般这个点是图像的中心,所以按照中心旋转定理,旋转的图像存在这样一个属性:旋转前和旋转后的点与中心点之间的距离不变。由此属性,可以得到旋转后点的坐标和旋转前点的坐标的对应关系。

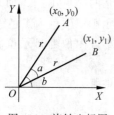

图 4.3 旋转坐标图

例如,坐标系中假设点(x_0, y_0)与原点$(0,0)$之间的距离是r,且两点间的连线OA与X轴正方向的夹角为b,OA绕原点顺时针旋转至OB,旋转角为a,B点的坐标为(x_1, y_1),如图 4.3 所示。

由上述已知条件可以推导出A、B两点坐标之间的关系,如式(4-4)、式(4-5)所示。

$$x_0 = r \cdot \cos b$$
$$y_0 = r \cdot \sin b \tag{4-4}$$

$$x_1 = r \cdot \cos(b-a) = r \cdot \cos b \cdot \cos a + r \cdot \sin b \cdot \sin a$$
$$= x_0 \cdot \cos a + y_0 \cdot \sin a$$
$$y_1 = r \cdot \sin(b-a) = r \cdot \sin b \cdot \cos a - r \cdot \cos b \cdot \sin a \tag{4-5}$$
$$= -x_0 \cdot \sin a + y_0 \cdot \cos a$$

以旋转角度为a的旋转变换公式的矩阵形式,如式(4-6)所示,相应的逆运算,如式(4-7)所示。我们可以通过式(4-6)将图像顺时针旋转角度a,同样,也可以使用式(4-7)将图像逆时针旋转角度a。

$$\begin{bmatrix} x_1 \\ y_1 \\ 1 \end{bmatrix} = \begin{bmatrix} \cos a & \sin a & 0 \\ -\sin a & \cos a & 0 \\ 0 & 0 & 1 \end{bmatrix} \begin{bmatrix} x_0 \\ y_0 \\ 1 \end{bmatrix} \tag{4-6}$$

$$\begin{bmatrix} x_0 \\ y_0 \\ 1 \end{bmatrix} = \begin{bmatrix} \cos a & -\sin a & 0 \\ \sin a & \cos a & 0 \\ 0 & 0 & 1 \end{bmatrix} \begin{bmatrix} x_1 \\ y_1 \\ 1 \end{bmatrix} \tag{4-7}$$

4.2.2 图像旋转的 Python 和 OpenCV 实现

对于输入的原始图像,我们首先需要根据旋转中心和旋转角度等参数计算用于旋转的仿射变换矩阵,然后将计算得出的仿射变换矩阵应用于输入图像上进行图像的旋转。这里我们使用 OpenCV 提供的 cv2. getRotationMatrix2D()函数获取图像的仿射变换矩阵,使用 cv2. warpAffine()函数将仿射变换矩阵应用于输入的原始图像。cv2. getRotationMatrix2D()

函数的调用语法为：

```
matRotate = cv2.getRotationMatrix2D(center, angle, scale)
```

参数说明：

- matRotate：表示旋转的仿射变换矩阵。
- center：表示旋转中心点。旋转一般是图像的中心，用 img.shape[:]取得长宽，然后取一半。
- angle：表示旋转角度。正值表示逆时针旋转；负值表示顺时针旋转。
- scale：表示缩放因子。等于 1 表示等比例缩放；小于 1 表示缩小；大于 1 表示放大。

cv2.warpAffine()函数的调用语法为：

```
dst = cv2.warpAffine(img, matRotate, (rows, cols), borderValue = (255, 255, 255))
```

参数说明：参考 4.1 节"图像的平移"中有关仿射变换函数的参数说明。

将原图像绕中心点分别逆时针旋转 45°、90°、180°，相应的代码如下：

```
import cv2
import numpy as np

img = cv2.imread('D:\ lena.jpg ',1)                      #读取原始图像
rows, cols = img.shape[:2]                               #返回原图像像素的行和列

#获取仿射变换矩阵
matRotate = cv2.getRotationMatrix2D(center, 45, 1)       #中心旋转45°
center = cv2.getRotationMatrix2D(center, 90, 1)          #中心旋转90°
angle = cv2.getRotationMatrix2D(center, 180, 1)          #中心旋转180°

#进行仿射变换
dst = cv2.warpAffine(img, matRotate, (rows, cols), borderValue = (255, 255, 255))
src = cv2.warpAffine(img, center, (rows, cols), borderValue = (255, 255, 255))
mat = cv2.warpAffine(img, angle, (rows, cols), borderValue = (255, 255, 255))

cv2.imshow('origin_picture', img)                        #输出原始图像
cv2.imshow('new_picture1', dst)                          #输出中心旋转45°图像
cv2.imshow('new_picture2', src)                          #输出中心旋转90°图像
cv2.imshow('new_picture3', mat)                          #输出中心旋转180°图像
cv2.waitKey(0)
```

上述程序的运行结果如图 4.4 所示。

我们使用函数 cv2.getRotationMatrix2D()对 4.4(a)所示的原始图像分别计算并获取中心旋转 45°、90°、180°的图像仿射变换矩阵。然后，调用函数 cv2.warpAffine()将得到的 3 个仿射变换矩阵分别应用于原始图像。最后，我们得到了图 4.4(a)的中心旋转 45°、90°、180°的图像，如图 4.4(b)、(c)、(d)所示。

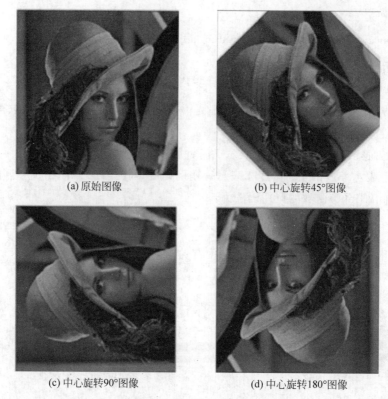

(a) 原始图像　　　　　　　　　　(b) 中心旋转45°图像

(c) 中心旋转90°图像　　　　　　(d) 中心旋转180°图像

图 4.4　图像旋转效果图

4.3　图像的缩放

4.3.1　图像缩放的基本原理

图像的缩放是指对图像的大小进行调整的过程。例如,坐标系中有一个大小 100×100 的绿色图像,一个大小为 200×200 的蓝色图像和一个大小为 400×400 的红色图像。假设蓝色图像为原始图像,那么绿色图像则是通过蓝色图像的长和宽分别缩小 1 倍后的图像,红色图像则是通过蓝色图像的长和宽分别放大 1 倍后的图像。原始图像、缩小图像、放大图像的示意图如图 4.5 所示。

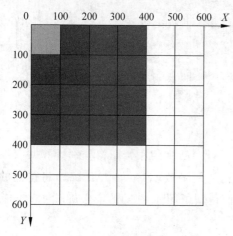

图 4.5　图像缩放

接下来我们用矩阵公式对图像的缩放进行更加精确地描述。假设图像的原坐标为 (x,y),沿 X 轴正方向缩放的比率是 S_x,沿 Y 轴正方向缩放的比率是 S_y,则目标图像坐标 (x',y') 的计算方式如式(4-8)所示。其中,当 $0<S_x<1$ 时,

图像沿 X 轴正方向缩小 S_x，当 $S_x>1$ 时，图像沿 X 轴正方向放大 S_x。同理，当 $0<S_y<1$ 时，图像沿 Y 轴正方向缩小 S_y，当 $S_y>1$ 时，图像沿 Y 轴正方向放大 S_y。

$$\begin{bmatrix} x' \\ y' \\ 1 \end{bmatrix} = \begin{bmatrix} S_x & 0 & 0 \\ 0 & S_y & 0 \\ 0 & 0 & 1 \end{bmatrix} \begin{bmatrix} x \\ y \\ 1 \end{bmatrix} = \begin{bmatrix} x \cdot S_x \\ y \cdot S_y \\ 1 \end{bmatrix} \tag{4-8}$$

根据缩放式(4-8)计算得到的目标图像中，某些映射源坐标可能不是整数，从而找不到对应的像素位置。例如，当 $S_x=S_y=2$ 时，图像的长和宽分别变为原来的 2 倍，放大图像中的像素(0，1)对应于原图中的像素(0，0.5)，这不是整数坐标位置，也就无法提取其灰度值。因此我们必须进行某种近似处理，这里介绍一种简单常用的策略，即直接将它最近邻的整数坐标位置(0，0)或者(0，1)处的像素灰度值赋给它，这就是最近邻插值算法。图像缩放可以采用的插值方法比较多，本节将采用最近邻插值法和双线性插值法对图像进行缩放，这两种插值方法将在 4.6 节"图像的插值"进行更加详细的介绍。

4.3.2　图像缩放的 Python 和 OpenCV 实现

对于输入的原始图像，我们使用 OpenCV 提供的 cv2.resize()函数对图像进行缩放。cv2.resize()函数的调用语法为：

```
dst1 = cv2.resize(src, dsize, dst = None, fx, fy, interpolation)
```

参数说明：

- dst1：表示输出的缩放图像。输出图像类型和输入图像类型相同。
- src：表示输入的原始图像。
- dsize：表示目标图像的大小，默认值为 None 或(0，0)。当 dsize 不为 None 时，输出图像的大小为 dsize；否则，输出图像的大小需要根据输入图像的大小和参数 fx、fy 的值来决定。
- dst：表示目标图像，默认值为 None。
- fx：表示水平轴上的比例因子。
- fy：表示垂直轴上的比例因子。
- interpolation：表示插值方法。共有 5 种插值方法，INTER_NEAREST 表示最近邻插值法。INTER_LINEAR 表示双线性插值法(默认)。INTER_AREA 表示基于局部像素的重采样，如果是缩小图像，此插值法可能是一个更好的方法，但如果是放大图像，它与最近邻插值法的效果类似。INTER_CUBIC 表示基于 4×4 像素邻域的双三次插值法。INTER_LANCZOS4 表示基于 8×8 像素邻域的 Lanczos 插值。

分别使用最近邻插值法和双线性插值法对图像进行放大和缩小，相应的代码如下：

```
import cv2
img = cv2.imread('D:\ lena.jpg',1)              ＃读取原始图像
＃最近邻插值法
dst1 = cv2.resize(img, None, fx = 1.2, fy = 1.2, interpolation = cv2.INTER_NEAREST)
dst2 = cv2.resize(img, None, fx = 0.8, fy = 0.8, interpolation = cv2.INTER_NEAREST)
＃双线性插值法
dst3 = cv2.resize(img, None, fx = 1.2, fy = 1.2, interpolation = cv2.INTER_LINEAR)
dst4 = cv2.resize(img, None, fx = 0.8, fy = 0.8, interpolation = cv2.INTER_LINEAR)
```

```
cv2.imshow('origin_picture', img)          #输出原始图像
cv2.imshow('new_picture1', dst1)           #输出最近邻插值法放大图像
cv2.imshow('new_picture3', dst3)           #输出双线性插值法放大图像
cv2.imshow('new_picture2', dst2)           #输出最近邻插值法缩小图像
cv2.imshow('new_picture4', dst4)           #输出双线性插值法缩小图像
cv2.waitKey(0)
```

上述程序运行结果如图 4.6 所示。

(a) 原始图像

(b) 最近邻插值法放大图片

(c) 双线性插值法放大图像

(d) 最近邻插值法缩小图像

(e) 双线性插值法缩小图像

图 4.6　图像缩放效果图

　　我们通过 cv2.imread() 函数对图 4.6(a) 中的原始图像进行读取,然后对该图像使用最近邻插值法和双线性插值法进行大小变换。图 4.6 中的(b)、(c)为两种插值方法的放大图像,缩放因子为 1.2,图 4.6 中的(d)、(e)为两种插值方法的缩小图像,缩放因子为 0.8。从图像缩放效果图中可以看出,不同的插值方法对图像的影响不同,尤其是颜色急剧变化的位置。例如图 4.6(b)、(c)中帽子上羽毛处,(c)中纹理比较清晰,(b)则相对较模糊。由此,我们可以根据不同需求选择不同的插值方法。

4.4　图像的转置

4.4.1　图像转置的基本原理

图像的转置是指将图像像素的 x 坐标和 y 坐标互换,也即是图像的高度和宽度互换。如图 4.7 所示,蓝色矩形为原始图像,红色矩形为转置后的图像。

假设坐标 (x,y) 为原始图像上任意一点,坐标 (x',y') 为图像进行转置变换后相对应的点,则转置变换公式,如式(4-9)所示。也就是说原始图像中任一坐标 (x,y) 经过转置变换公式计算都能得到对应的目标图像坐标 (y,x),即图像像素的 x 坐标和 y 坐标相互交换。式(4-10)是转置变换的矩阵表示形式。公式将原图像坐标的增广矩阵 $\begin{bmatrix} x & y & 1 \end{bmatrix}^{\mathrm{T}}$ 和转置矩阵 $\begin{bmatrix} 0 & 1 & 0 \\ 1 & 0 & 0 \\ 0 & 0 & 1 \end{bmatrix}$ 相

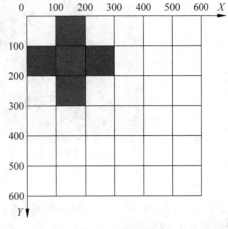

图 4.7　图像转置

乘得到目标图像坐标的增广矩阵 $\begin{bmatrix} x' \\ y' \\ 1 \end{bmatrix}$,而这个目标图像坐标的增广矩阵也就等于 $\begin{bmatrix} y & x & 1 \end{bmatrix}^{\mathrm{T}}$。

$$x' = y \quad y' = x \tag{4-9}$$

$$\begin{bmatrix} x' \\ y' \\ 1 \end{bmatrix} = \begin{bmatrix} x \\ y \\ 1 \end{bmatrix} \begin{bmatrix} 0 & 1 & 0 \\ 1 & 0 & 0 \\ 0 & 0 & 1 \end{bmatrix} = \begin{bmatrix} y \\ x \\ 1 \end{bmatrix} \tag{4-10}$$

4.4.2　图像转置的 Python 和 OpenCV 实现

我们使用 OpenCV 提供的 cv2.transpose()函数实现图像的转置。cv2.transpose()函数的调用语法为:

```
dst = cv2.transpose(img)
```

参数说明:
- dst:表示输出的转置图像。
- img:表示输入的原始图像。

相应的代码如下:

```
import cv2
import numpy as np

img = cv2.imread('D:\ lena.jpg',1)          #读取原始图像
```

```
dst = cv2.transpose(img)                    # 图像转置
cv2.imshow('origin_picture', img)           # 输出原始图像
cv2.imshow('new1', dst)                     # 输出转置图像
cv2.waitKey(0)
```

上述程序的运行结果如图 4.8 所示。

(a) 原始图像   (b) 转置图像

图 4.8   图像转置效果图

将图 4.8(a) 所示的原始图像通过函数 cv2.transpose() 实现转置变换,使得整个图像中像素点的横纵坐标发生变化,得到转置图 4.8(b)。我们可以通过这种方式对图像进行多方位的展示。

4.5   图像的翻转

4.5.1   图像翻转的基本原理

图像翻转是指图像围绕翻转轴做空间 180°的变换,如图 4.9 所示。

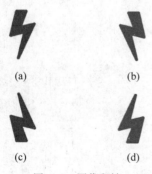

图像翻转得到的图形与原图形关于翻转轴对称。图像的翻转主要包括三种翻转方式,分别是水平翻转、垂直翻转和水平垂直翻转。图 4.9 就是通过这三种方式得到的翻转图形。

可以看出,图 4.9(b) 中的所有像素点都是将原图像 4.9(a) 按照垂直方向的固定轴进行轴对称复制后产生的。同理,图 4.9(c) 是通过原图像 4.9(a) 按照水平方向的固定轴进行轴对称复制后产生的。图 4.9(d) 是将原图像 4.9(a) 按照某一个固定点实现中心对称复制后产生的。

(a)   (b)

(c)   (d)

图 4.9   图像翻转

4.5.2   图像翻转的 Python 和 OpenCV 实现

我们使用 OpenCV 提供的函数 cv2.flip() 对图像进行翻转。cv2.flip() 函数的调用语法为:

```
dst = cv2.flip(img, flipCode)
```

参数说明：

- dst：表示输出的翻转图像。
- img：表示输入的原始图像。
- flipCode：表示翻转类型。flipCode 的值等于 0 表示垂直翻转；flipCode 的值大于 0 表示水平翻转；flipCode 的值小于 0 表示水平垂直翻转。

相应的代码如下：

```
import cv2

img = cv2.imread('D:\ lena.jpg',1)              #读取原始图像
dst1 = cv2.flip(img,1)                          #水平翻转
dst2 = cv2.flip(img,0)                          #垂直翻转
dst3 = cv2.flip(img,-1)                         #水平垂直翻转

cv2.imshow('origin_picture', img)               #输出原始图像
cv2.imshow('new1', dst1)                        #输出水平翻转图像
cv2.imshow('new2', dst2)                        #输出垂直翻转图像
cv2.imshow('new3', dst3)                        #输出水平垂直翻转图像
cv2.waitKey(0)
```

上述程序的运行结果如图 4.10 所示。程序读取原始图像 4.10(a)后，使用翻转函数 cv2.flip()对图像进行翻转处理。通过控制函数 cv2.flip()的 flipCode 参数分别进行水平翻转、垂直翻转和水平垂直翻转，得到图 4.10(b)、(c)、(d)。

(a) 原始图像

(b) 水平翻转图像

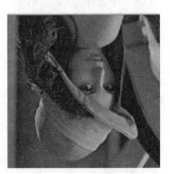

(c) 垂直翻转图像

(d) 水平垂直翻转图像

图 4.10　翻转图像效果图

4.6 图像的插值

4.6.1 图像插值的基本原理

实现几何运算有两种方法。第一种是向前映射法,其原理是将输入图像的灰度逐个像素地转移到输出图像中。第二种是向后映射法,它是向前映射变换的逆操作,即输出图像的灰度逐个像素地映射回输入图像中。如果输出图像的任一像素点映射回输入图像的对应像素点不在整数坐标处,则其灰度值就需要基于整数坐标的灰度值进行推断,这就是插值。

本节将介绍 3 种不同的插值方法:最近邻插值法、双线性插值法和双三次插值法。

4.6.2 最近邻插值法

最近邻插值法是最简单的灰度值插值方法,也称作零阶插值法。最近邻插值法就是令变换后像素点的灰度值等于距离此点最近的输入像素点的灰度值。

例如,一张 3×3 的 256 级灰度图,即是高度和宽度均为 3 的图像,每个像素的取值是 0~255,共 256 级,这个取值代表像素的明亮程度,0 代表最暗,即黑色,255 代表最亮,即白色。假设我们把图 4.11 所示的像素点阵叫作源图,记作 Source。在这个像素点阵中,元素坐标系是以左上角为原点(0,0),水平向右为 X 轴正方向,竖直向下为 Y 轴正方向。元素坐标(x,y)的确定方法是 x 从左到右,初始值是 0,y 从上到下,初始值也是 0。如像素点阵中左上角像素为 23 的元素坐标为(0,0),其他元素的坐标以此类推。

现将上述 3×3 的图像放大为 4×4 的图像。首先,画出 4×4 的点阵,如图 4.12 所示,点阵的每个像素都是未知数,等待着我们去填充,这个待填充的图像叫作目标图,记作 Destination。其次,从目标图左上角坐标(0,0)开始填充,坐标(0,0)反推回源图中对应坐标的计算公式,如式(4-11)和式(4-12)所示。

$$\mathrm{src}X = \mathrm{dst}X \times \left(\frac{\mathrm{srcWidth}}{\mathrm{dstWidth}}\right) \tag{4-11}$$

$$\mathrm{src}Y = \mathrm{dst}Y \times \left(\frac{\mathrm{srcHeight}}{\mathrm{dstHeight}}\right) \tag{4-12}$$

23	238	56
70	44	112
89	51	22

图 4.11 3×3 源图像素点阵

?	?	?	?
?	?	?	?
?	?	?	?
?	?	?	?

图 4.12 4×4 待填充目标图像素点阵

其中,srcX 是源图 X 坐标值,srcY 是源图 Y 坐标值,dstX 是目标图 X 坐标值,dstY 是目标图 Y 坐标值,srcWidth 是源图的宽度,srcHeight 是源图的长度,dstWidth 是目标图的宽度,dstHeight 是目标图的长度。

将目标图中(0,0)坐标带入公式,对应的源图坐标计算过程,如式(4-13)所示。

$$\left(0\times\left(\frac{3}{4}\right),0\times\left(\frac{3}{4}\right)\right)=>(0\times0.75,0\times0.75)=>(0,0) \tag{4-13}$$

上述计算过程反推源图的坐标为(0,0),将源图中坐标(0,0)处的像素值23填充到目标图坐标(0,0)所在位置。如法炮制,由目标图(1,0)反推源图中的坐标,可以套用式(4-11)和式(4-12),计算过程,如式(4-14)所示。

$$\left(1\times\left(\frac{3}{4}\right),0\times\left(\frac{3}{4}\right)\right)=>(1\times0.75,0\times0.75)=>(0.75,0) \tag{4-14}$$

可以发现,坐标中出现了小数,而计算机中的图像是数字图像,像素是最小单位,都是整数。所以,一般采用四舍五入的方法或直接舍弃小数位的方法,把非整数坐标转化为整数坐标。在此说明,本节采用的是四舍五入的方法。那么式(4-14)完整的运算过程,如式(4-15)所示。

$$\left(1\times\left(\frac{3}{4}\right),0\times\left(\frac{3}{4}\right)\right)=>(1\times0.75,0\times0.75)=>(0.75,0)=>(1,0) \tag{4-15}$$

将源图中坐标(1,0)处的像素值238填充到目标图坐标(1,0)所在位置。以此类推,可以利用式(4-11)求出目标图中所有未知像素的值。最后求得4×4目标图像素点阵,如图4.13所示。

上述图像放大的方法就是最近邻插值法,这是最基本、最简单的图像插值法,但是这种方法的实现效果不太好。一般,经过最近邻插值法缩放的图像会出现严重失真现象。效果不好的主要原因是由于在目标图像素坐标反推源图对应坐标时,采用了四舍五入的方法,直接用和这个浮点数最接近的整数值,这种方法很不科学。目标图的像素坐标位置其实应该根据距离源图像素值最近的四个像素点来计算,这样才能达到更好的效果,这就是我们接下来要介绍的双线性插值法。

23	238	56	56
70	44	112	112
89	51	22	22
89	51	22	22

图 4.13 4×4 填充后目标图像素点阵

4.6.3 双线性插值法

双线性插值法,又称为双线性内插法。在数学上,双线性插值是有两个变量的插值函数的线性插值扩展,其核心思想是在两个方向分别进行一次线性插值。双线性插值作为数值分析中的一种插值算法,广泛应用在信号处理、数字图像和视频处理等方面。

双线性插值法的描述是:对于一个目标图像素,设置坐标通过反向变换得到的浮点坐标为$(i+u,j+v)$,也就是式(4-11)和式(4-12)中的坐标$(srcX,srcY)$。其中,i、j是浮点坐标的整数部分,u、v是浮点坐标的小数部分,浮点数的取值区间是$[0,1)$。坐标像素值$f(i+u,j+v)$可由源图中四个坐标(i,j)、$(i+1,j)$、$(i,j+1)$、$(i+1,j+1)$所对应的像素值决定。$f(i+u,j+v)$的计算公式,如式(4-16)所示。$f(i,j)$表示源图像(i,j)处的像素值。

$$f(i+u,j+v)=(1-u)(1-v)f(i,j)+(1-u)vf(i,j+1)+$$
$$u(1-v)f(i+1,j)+uvf(i+1,j+1) \tag{4-16}$$

在图像处理的时候,我们先根据式(4-11)来计算目标图像素$(dstX,dstY)$在源图中对应的像素$(srcX,srcY)$。计算得到的$srcX$和$srcY$一般都是浮点数,比如$f(1.4,3.1)$这个像

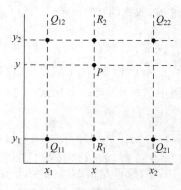

图 4.14 双线性插值法示例图

素点是虚拟存在的,先找到与它临近的四个实际存在的像素点 $(1,3)$、$(2,3)$、$(1,4)$、$(2,4)$。将 $f(1.4,3.1)$ 写成 $f(i+u,j+v)$ 的形式,则 $i=1,j=3,u=0.4,v=0.1$,代入式(4-16)即可计算(1.4,3.1)处的像素值。

如图 4.14 所示,已知红色数据点 $R_1=(x,y_1)$,$R_2=(x,y_2)$,蓝色数据点 $Q_{11}=(x_1,y_1)$,$Q_{12}=(x_1,y_2)$,$Q_{21}=(x_2,y_1)$,$Q_{22}=(x_2,y_2)$,通过双线性插值法可以得到绿色数据点 P 的值。首先,在 X 方向上进行两次线性插值计算,分别为 $f(R_1)$ 和 $f(R_2)$,如式(4-17)所示。

$$f(R_1) \approx \frac{x_2-x}{x_2-x_1}f(Q_{11}) + \frac{x-x_1}{x_2-x_1}f(Q_{21})$$

$$f(R_2) \approx \frac{x_2-x}{x_2-x_1}f(Q_{12}) + \frac{x-x_1}{x_2-x_1}f(Q_{22})$$

(4-17)

然后在 Y 方向上进行一次插值计算 $f(P)$,如式(4-18)所示。

$$
\begin{aligned}
f(P) &\approx \frac{y_2-y}{y_2-y_1}f(R_1) + \frac{y-y_1}{y_2-y_1}f(R_2) \\
&\approx \frac{y_2-y}{y_2-y_1}\left(\frac{x_2-x}{x_2-x_1}f(Q_{11}) + \frac{x-x_1}{x_2-x_1}f(Q_{21})\right) \\
&\quad + \frac{y-y_1}{y_2-y_1}\left(\frac{x_2-x}{x_2-x_1}f(Q_{12}) + \frac{x-x_1}{x_2-x_1}f(Q_{22})\right) \\
&= \frac{1}{(x_2-x_1)(y_2-y_1)}(f(Q_{11})(x_2-x)(y_2-y) \\
&\quad + f(Q_{21})(x-x_1)(y_2-y) + f(Q_{12})(x_2-x)(y-y_1) \\
&\quad + f(Q_{22})(x-x_1)(y-y_1))
\end{aligned}
$$

(4-18)

4.6.4 双三次插值法

双三次插值法是一种基于 4×4 像素邻域的插值方法,比双线性插值法更加复杂,但可以更好的平滑图像边缘。双三次插值法又称为双立方插值法。下面通过举例介绍双三次插值法。

假设源图像 A 大小为 $m\times n$,缩放 K 倍后的目标图像 B 的大小为 $M\times N$,即 $K=\dfrac{M}{m}=\dfrac{N}{n}$。$A$ 的每一个像素点是已知的,B 是未知的,我们想要求出目标图 B 中每一像素点 (X,Y) 的值,必须先找出像素 (X,Y) 在源图 A 中对应的像素 (x,y),再根据源图 A 距离像素 (x,y) 最近的 16 个像素点作为计算目标图 $B(X,Y)$ 处像素值的参数,利用 BiCubic 基函数求出 16 个像素点的权重,目标图 B 像素 (X,Y) 的值就等于 16 个像素点的加权叠加。$B(X,Y)$ 在 A 上的对应坐标 $A(x,y)$ 计算公式,如式(4-19)所示。

$$A(x,y)=A\left(X\times\left(\frac{m}{M}\right),Y\times\left(\frac{n}{N}\right)\right)=A\left(\frac{X}{K},\frac{Y}{K}\right)$$

(4-19)

在双线性插值法中,我们选取距离源图像素值最近的四个像素点作为计算目标图像素值的坐标位置,而在双三次插值法中,我们选取距离源图像素值最近的 16 个像素点(红色点)作为计算目标图像素值的坐标位置,用 $a_{ij}(i,j=0,1,2,3)$ 来表示,如图 4.15 所示。在图 4.15 中,P 点(蓝色点)是目标图像 B 在 (X,Y) 处对应于源图像 A 中的位置,P 点的坐标位置会出现小数部分,我们假设 P 的坐标为 $P(i+u,j+v)$,其中 i,j 分别表示整数部分,u,v 分别表示小数部分。

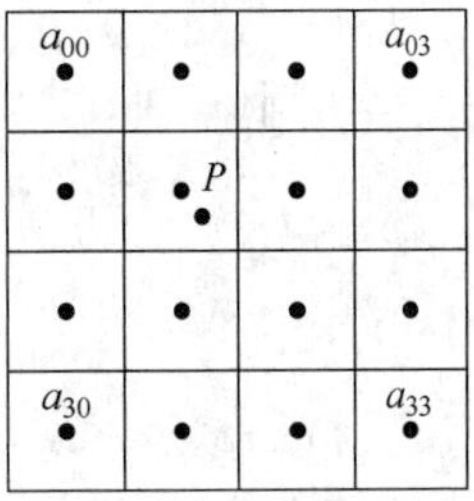

图 4.15　目标图像素

双三次插值法的目的就是通过找到一种关系,或者是系数,把这 16 个像素对点 P 像素值的影响因子找出来,从而根据这个影响因子来获得目标图对应点的像素值,达到图像缩放的目的。

本节我们采用基于 BiCubic 基函数的双三次插值法。BiCubic 基函数的表示方式,如式(4-20)所示。其中,a 取 -0.5。

$$W(x)=\begin{cases}(a+2)|x|^3-(a+3)|x|^2+1 & |x|\leqslant 1 \\ a|x|^3-5a|x|^2+8a|x|-4a & 1<|x|<2 \\ 0 & \text{其他}\end{cases} \tag{4-20}$$

接下来要做的就是求出 BiCubic 函数中的参数 x,获得上面所述的 16 个像素所对应的权重 $W(x)$。BiCubic 基函数是一维的,而像素是二维的,所以我们将像素点的行与列分开计算。BiCubic 函数中的参数 x 表示该像素点到 P 点的距离。例如,a_{00} 与 $P(i+u,j+v)$ 的距离为 $(1+u,1+v)$,因此 a_{00} 的横坐标权重 $k_{i0}=W(1+u)$,纵坐标权重 $k_{0j}=W(1+v)$,a_{00} 对 $B(X,Y)$ 的权重为:$(a_{00}$ 像素值$)\times k_{i0}\times k_{0j}$。其中,$k_{i0}$ 代表 a_{i0} 对应的权重,k_{0j} 代表 a_{0j} 对应的权重。那么可以得到 a_{ij} 的横纵坐标对应的所有权重 $k_{ij}(i,j=0,1,2,3)$,如式(4-21)所示。

$$\begin{aligned}k_{i0}=W(1+u),\quad k_{i1}=W(u),\quad k_{i2}=W(1-u),\quad k_{i3}=W(2-u) \\ k_{0j}=W(1+v),\quad k_{1j}=W(v),\quad k_{2j}=W(1-v),\quad k_{3j}=W(2-v)\end{aligned} \tag{4-21}$$

通过上述过程就分别得到了横坐标和纵坐标的权重。目标图坐标 $B(X,Y)$ 对应的像素值可由式(4-22)得出。

$$B(X,Y)=\sum_{i=0}^{3}\sum_{j=0}^{3}a_{ij}\times W(i)\times W(j) \tag{4-22}$$

4.6.5　图像插值的 Python 和 OpenCV 实现

我们使用 OpenCV 提供的 cv2.resize() 函数分别采用最近邻插值法、双线性插值法和双三次插值法实现对图像的放大操作。函数 cv2.resize() 的参数说明参考 4.3 节"图像的缩放"。

分别采用最近邻插值法、双线性插值法和双三次插值法对图像进行放大变换,相应的代码如下:

```
import cv2
img = cv2.imread('D:\ lena.jpg',1)                    #读取原始图像

#最近邻插值法放大图像
```

```
dst1 = cv2.resize(img, None, fx = 1.2, fy = 1.2, interpolation = cv2.INTER_NEAREST)
♯双线性插值法放大图像
dst2 = cv2.resize(img, None, fx = 1.2, fy = 1.2, interpolation = cv2.INTER_LINEAR)
♯双三次插值法放大图像
dst3 = cv2.resize(img, None, fx = 1.2, fy = 1.2, interpolation = cv2.INTER_CUBIC)

cv2.imshow('origin_picture', img)       ♯输出原始图像
cv2.imshow('new1', dst1)                ♯输出最近邻插值法放大图像
cv2.imshow('new2', dst2)                ♯输出双线性插值法放大图像
cv2.imshow('new3', dst3)                ♯输出双三次插值法放大图像
cv2.waitKey(0)
```

上述程序的运行结果如图 4.16 所示。

(a) 原始图像

(b) 最近邻插值法放大图像

(c) 双线性插值法放大图像

(d) 双三次插值法放大图像

图 4.16　插值方法放大效果图

我们先通过函数 cv2.imread() 对原始图像 4.16(a) 进行读取,然后分别采用最近邻插值法、双线性插值法和双三次插值法对该图像进行放大变换。最近邻插值法会造成图像灰度上的不连续,放大后图像会出现严重失真现象,如图 4.16(b) 中脸部出现明显的马赛克。双线性插值法没有灰度不连续的缺点,但是图像轮廓可能有点模糊,如图 4.16(c) 中帽子的轮廓比较模糊。双三次插值法比双线性插值法更加平滑图像边缘,如图 4.16(d) 中帽子的轮廓相对比较平滑、清晰。在 3 种插值方法中最近邻插值法最简单,但效果较差,双线性插值法效果次之,双三次插值法更加注重细节的处理,图像处理效果最好。

4.7 图像的配准

4.7.1 图像配准的基本原理

图像配准是图像处理领域的一个典型问题和技术难点,其目的在于比较或融合针对同一对象在不同条件下获取的图像,例如图像会来自不同的采集设备,取自不同的时间,不同的拍摄角度等。具体地说,对于一组图像中的两幅图像,通过寻找一种空间变换,把一幅图像映射到另一幅图像,使得两幅图像在空间中处于同一位置的点可以一一对应,达到信息融合的目的。该技术在计算机视觉、医疗图像处理以及材料力学等领域具有广泛的应用。根据具体应用的不同,将各种图像结合起来,在同一图像上显示各自的信息。图像配准技术能够提供多数据多信息的图像,在各个领域都具有广泛的应用价值。

图像配准的核心是一个 3×3 的矩阵 $\boldsymbol{H}$,如式(4-23)所示。假设 (x,y) 是源图像中任一特征像素点的坐标,(x',y') 是目标图像中相应特征像素点的坐标,通过单应矩阵 $\boldsymbol{H}$ 实现两幅图像中特征像素点间的坐标变换以及两幅图像的配准,如式(4-24)所示。

$$\boldsymbol{H}=\begin{bmatrix}h_{00}&h_{01}&h_{02}\\h_{10}&h_{11}&h_{12}\\h_{20}&h_{21}&h_{22}\end{bmatrix} \tag{4-23}$$

$$\begin{bmatrix}x\\y\\1\end{bmatrix}=\boldsymbol{H}\begin{bmatrix}x'\\y'\\1\end{bmatrix}=\begin{bmatrix}h_{00}&h_{01}&h_{02}\\h_{10}&h_{11}&h_{12}\\h_{20}&h_{21}&h_{22}\end{bmatrix}\begin{bmatrix}x'\\y'\\1\end{bmatrix} \tag{4-24}$$

本节将介绍一种基于特征的图像配准方法。这种方法是先提取出源图像中的大量特征点,然后在目标图像中寻找与之匹配的特征点。接着,通过两幅图像中相匹配的特征点,将两幅图像像素坐标的转换关系用式(4-24)提取出来。最后,实现源图像与目标图像的配准。运用图像配准之前必须先寻找匹配的特征点,接下来我们将介绍寻找匹配特征点的方法。

4.7.2 提取特征点

在图像处理中,特征点指的是图像灰度值发生剧烈变化的点或者在图像边缘上曲率较大的点(即两个边缘的交点)。图像特征点在基于特征点的图像匹配算法中十分重要。图像特征点能够反映图像的本质特征,能够标识图像中的目标物体。通过特征点的匹配能够完成图像的配准。

本节将使用 ORB(Oriented FAST and Rotated BRIEF)算法提取特征点。ORB 算法是一种快速特征点提取和描述的算法。ORB 算法包括两部分,分别是特征点检测和特征点描述。特征点检测是由 FAST(Features from Accelerated Segment Test)算法发展来的,特征点描述是根据 BRIEF(Binary Robust Independent Elementary Features)特征描述算法改进的。ORB 特征是将 FAST 特征点检测方法与 BRIEF 特征描述子法结合起来,并在它们原来的基础上做了改进与优化。ORB 算法最大的特点就是计算速度快。这首先得益于使用 FAST 检测特征点,FAST 的检测速度正如它的名字一样是出了名的快。再次是使用

BRIEF 算法计算描述符,该描述符特有的二进制串的表现形式不仅节约了存储空间,而且大大缩短了匹配的时间。

1. 特征点检测

ORB 采用 FAST 算法来检测特征点。图像的特征点可以简单的理解为图像中比较显著的点,如轮廓点、较暗区域中的亮点、较亮区域中的暗点等。所以我们可以通过检测候选特征点周围一圈的像素值来判断该点是否为特征点。如果候选点周围领域内有足够多的像素点与该候选点的灰度值差别够大,则认为该候选点为一个特征点。假设 P 点为候选点,如果圆周上有连续 n 个像素点的灰度值比 P 点的灰度值大或者小,则认为 P 为特征点。假设在图像中要提取 N 个特征点,则降低 FAST 的阈值,使 FAST 算法检测到的特征点大于 N。然后在特征点位置处,计算特征点的 Harris 响应值 R,取前 N 个响应值大的点作为 FAST 特征点。

2. FAST 算法改进

由于 FAST 算法提取出的特征点不具有尺度不变性,这导致图像经过缩放后无法匹配到相应的特征点。为了改进这一点,ORB 使用图片的尺度金字塔,在不同尺度计算 FAST 特征点。具体做法是设置一个比例因子 scaleFactor(通常取 1.2)和金字塔的层数 nlevels(通常取 8)。将原图像按比例因子缩小成 nlevels 幅图像。nlevels 幅不同比例的图像提取特征点总和作为这幅图像的 FAST 特征点。

3. BRIEF 算法改进

得到特征点后我们需要以某种方式描述这些特征点的属性。这些属性的输出我们称之为特征点的描述符。ORB 采用 BRIEF 算法来计算特征点的描述符。BRIEF 算法计算出来的是一个二进制串的特征描述符。它是在每一个特征点的邻域内,选择 n 对像素点 p_i、$q_i(i=1,2,\cdots,n)$。然后比较每对特征点之间灰度值的大小,如果 $I(p_i) > I(q_i)$,则生成二进制为 1,否则为 0。所有的点对都进行比较,则生成长度为 n 的二进制串。n 的值可取 128、256 或 512,通常取 256。

BRIEF 描述子不具备旋转不变性,理想的特征点描述子应该具备旋转不变性,使得图像在经过一定的旋转后仍然能够识别匹配中的特征点。BRIEF 描述符选取特征点点对的时候,是以当前特征点为原点,以水平方向为 X 轴,以垂直方向为 Y 轴建立坐标系。当图片发生旋转时,坐标系不变,同样的取点模式取出来的点却不一样,计算得到的描述符也不一样,这是不符合我们要求的。ORB 在计算 BRIEF 描述符时建立的坐标系是以特征点为圆心,以特征点和取点区域的几何中心(形心)的连线为 X 轴建立二维坐标系。这样一来,无论图像如何旋转,ORB 选取点对时对应的坐标系是固定的。在不同的旋转角度下,我们以同一取点模式取出来的点是一致的。这就解决了旋转不一致性的问题。

4.7.3　基于特征的配准方法

基于特征匹配的配准方法是目前最常用的方法之一。该算法只需要提取待配准图像中的点、线、边缘等特征信息,不需要其他辅助信息,在减少计算量、提高效率的同时,能够对图像灰度的变化有一定的鲁棒性。但是,由于该算法只采用了图像的一小部分特征信息,所以这种算法对特征提取和特征匹配的精度及准确性要求非常高,对错误非常敏感。

根据选取的特征信息的不同,可以将基于特征的匹配方法划分为三类,分别是基于特征点的匹配、基于特征区域的匹配、基于特征边缘的匹配。本节将采用基于特征点的匹配方法来实现图像特征点的匹配。

基于特征点的匹配,一般所选取的特征点是相对于其取点区域表现突出的像素点。特征点往往容易被提取到,但是特征点所包含的信息相对较少,只能反映出其在图像中的位置坐标信息,所以在两幅图像中寻找匹配的特征点是关键所在。

4.7.4 图像配准的 Python 和 OpenCV 实现

实现图像配准使用的函数以及函数的参数说明如下:

(1) 我们使用 OpenCV 提供的函数 cv2.ORB_create()来定位特征点并创建它们相应的 ORB 描述符。cv2.ORB_create()函数的调用语法为:

```
orb = cv2.ORB_create(nfeatures = 500,scaleFactor = 1.2,nlevels = 8,edgeThreshold = 20,
firstLevel = 0,WTA_K = 2, patchSize = 20,fastThreshold = 20)
```

参数说明:

- orb:表示生成的关键点。
- nfeatures:表示要查找的关键点个数。nfeatures 数据为 int 型,默认值为 500。
- scaleFactor:表示金字塔抽取率,必须大于 1。ORB 使用图像金字塔来查找要素,因此必须提供金字塔中每个图层与金字塔级别数之间的比例因子。scaleFactor = 2 表示经典金字塔,金字塔中每个下一级别的像素比前一级低 1/4。scaleFactor 数据为 float 型,默认值为 1.2。
- nlevels:表示金字塔等级的数量。nlevels 数据为 int 型,默认值为 8。
- edgeThreshold:表示未检测要素边框的大小。由于关键点具有特定的像素大小,因此必须从搜索中排除图像的边缘。edgeThreshold 的大小应该等于或大于 patchSize 参数。edgeThreshold 数据为 int 型。
- firstLevel:表示应将哪个级别视为金字塔中的第一级别。它在当前实现中应为 0,通常具有统一标度的金字塔等级被认为是第一级。firstLevel 数据为 int 型,默认值为 0。
- WTA_K:表示生成定向 BRIEF 描述符中的每个元素的随机像素数量。可能的取值为 2、3、4,其中 2 为默认值。例如,值 3 意味着一次选择三个随机像素来比较它们的亮度,返回最亮像素的索引,由于有 3 个像素,因此返回的索引将为 0、1 或 2。
- patchSize:表示面向简要描述符使用的补丁大小。当然,在较小的金字塔层上,由特征覆盖的感知图像区域将更大。patchSize 数据为 int 型。
- fastThreshold:表示 FAST 算法检测要素的大小。fastThreshold 数据为 int 型。

(2) ORB 算法中检测特征点和计算描述符的函数为 orb.detectAndCompute(),orb.detectAndCompute()函数的调用语法为:

```
kp1,des1 = orb.detectAndCompute(template,mask)
```

参数说明:

- kp1:表示从模板图像中获得的特征点。
- des1:表示输出 ORB 算法计算的模板图像描述符。

- template：表示输入的模板图像。
- mask：表示掩模。掩膜就是两幅图像之间进行的各种位运算操作。默认值为 None。

（3）OpenCV 提供了 BF（Brute-Force）匹配函数 cv2.BFMatcher()实现图像的匹配，cv2.BFMatcher()函数的调用语法为：

```
bf = cv2.BFMatcher(normType,crossCheck = False)
```

参数说明：

- bf：表示匹配结果。
- normType：表示使用的距离测量类型。默认值为 cv2.Norm_L2,适用于 SIFT、SURF 方法，还有一个参数为 cv2.Norm_L1。如果是 ORB、BRIEF、BRISK 算法等，要用 cv2.NORM_HAMMING。
- crossCheck：表示匹配条件。默认值是 False,如果设置为 True,匹配条件会更加严格。

（4）ORB 算法配准描述符的函数 bf.match(),bf.match()函数的调用语法为：

```
matches = bf.match(des1,des2)
```

参数说明：

- matches：表示匹配的对象。
- des1：表示输出 ORB 算法计算的模板图像描述符。
- des2：表示输出 ORB 算法计算的目标图像描述符。

（5）依据距离排序的函数 sorted(),sorted()函数的调用语法为：

```
matches = sorted(matches,key = lambda x:x.distance)
```

参数说明：

- matches：表示待排序的对象。
- key＝lambda x:x.distance：表示待排序对象依据距离进行排序。

（6）OpenCV 提供了函数 cv2.drawMatches()来画匹配关系,cv2.drawMatches()函数的调用语法为：

```
result = cv2.drawMatches(template,kp1,target,kp2,matches[:40],matchesMask,flags = 2)
```

参数说明：

- result：表示匹配结果的图像。
- template：表示输入的模板图像。
- kp1：表示模板图像的特征点。
- target：表示输入的目标图像。
- kp2：表示目标图像的特征点。
- matches[:40]：表示模板图像的特征点匹配目标图像的特征点 40 个。
- matchesMask：表示被画出的点。若为 None 表示画出所有匹配点。
- flags：表示匹配图像的个数。

利用 ORB 算法实现基于特征的配准方法,相应的代码如下:

```
import cv2
from matplotlib import pyplot as plt

template = cv2.imread('D:\ template.jpg',1)          #读取模板图像
target = cv2.imread('D:\ target.jpg',1)             #读取目标图像

#建立 ORB 特征检测器
orb = cv2.ORB_create(nfeatures = 500,scaleFactor = 1.2,nlevels = 8,edgeThreshold = 20,
firstLevel = 0,WTA_K = 2 , patchSize = 20,fastThreshold = 20)

kp1,des1 = orb.detectAndCompute(template,None)       #计算 template 中的特征点和描述符
kp2,des2 = orb.detectAndCompute(target,None)         #计算 target 中的特征点和描述符

#建立配准关系
bf = cv2.BFMatcher(cv2.NORM_HAMMING,crossCheck = True)
matches = bf.match(des1,des2)                         #配准描述符
matches = sorted(matches,key = lambda x:x.distance)  #依据距离排序

#画出配准关系
result = cv2.drawMatches(template,kp1,target,kp2,matches[:40],None,flags = 2)
plt.imshow(result),plt.show()                         #输出配准图
```

上述程序的运行结果如图 4.17 所示。

图 4.17　基于特征的配准效果图

首先,我们通过函数 cv2.imread() 分别读取模板图像和目标图像。然后建立 ORB 特征检测器,通过 ORB 算法计算模板图像和目标图像的特征点和描述符。接着建立图像的配准关系,计算配准描述符并依据距离对描述符进行排序。最后,通过 cv2.drawMatches() 函数画出配准关系,输出配准结果图 4.17。

## 第 5 章

空间域图像增强

本章学习目标
- 了解图像增强的基础知识
- 了解图像平滑处理的基本原理
- 熟练掌握主要的几种图像平滑技术的代码实现

本章将从图像增强、空间域滤波、图像平滑及图像锐化四个方面入手,对空间域图像增强技术进行介绍。应该明确的是增强处理并不能增强原始图像的信息,其结果只能增强对某种信息的辨别能力,而同时这种处理有可能损失一些其他信息。正因如此,我们很难找到一个评价图像增强效果优劣的客观标准,也就没有特别通用的模式化图像增强方法,这需要我们根据具体期望的处理效果做出取舍。

5.1 图 像 增 强

图像增强是根据特定的需要突出一幅图像中的某些信息,同时减弱或去除某些不需要的信息的一种图像处理过程。其主要目的是使处理后的图像对某种特定的应用,比原始图像更适用。因此,这类处理是为了某种应用目的而去改善图像的质量,并且使处理后的结果图像更适合人的观察或机器的识别系统。

5.1.1 图像增强的分类

图像增强技术基本上可分成两大类:一类是空间域增强,另一类是频率域增强。空间域图像增强与频率域图像增强不是两种截然不同的图像增强技术,它们是在不同的领域做同样的事情,是殊途同归,只是有些滤波更适合在空间域完成,而有些则更适合在频率域中完成。本书着重介绍空间域增强技术。

空间域图像增强技术主要包括直方图修正、灰度变换增强、图像平滑化以及图像锐化等。在增强过程中可以采用单一方法处理,但更多实际情况是需要采用几种方法联合处理,才能达到预期的增强效果。

空间域增强是基于图像中每一个小范围(邻域)内的像素进行灰度变换运算,某个点变换之后的灰度由该点邻域那些点的灰度值共同决定,因此空间域增强也称为邻域运算或邻域滤波。

5.1.2 图像增强的应用

目前,图像增强技术的应用已经渗透到医学诊断、航空航天、军事侦察、指纹识别、卫星图像处理等领域,在国民经济中发挥越来越大的作用。其中最典型的应用主要体现在以下几个方面:

1. 卫星图像处理

航空遥感和卫星遥感图像需要用数字图像处理技术加工处理,并提取有用信息。主要用于矿藏探查、自然灾害预测预报、环境污染监测、气象卫星云图处理以及地面军事目标识别。

2. 生物医学领域

其主要应用如 x 射线照片的分析、血球计数与染色体分类等。目前广泛应用于临床医学诊断和治疗的各种成像技术,如超声波诊断等。

3. 军事、公安等方面的应用

军事目标的侦察、制导和警戒系统、自动灭火器的控制及反伪装;公安部门的现场照片、指纹、手迹、印章、人像等的处理和辨识;历史文献和图片档案的修复和管理等。

5.2　空间域滤波

滤波是信号处理中的一个概念,是将信号中特定波段频率滤除的操作,在数字信号处理中通常采用傅里叶变换及其逆变换实现。由于下面要学习的内容实际上和通过傅里叶变换实现的频域下的滤波是等效的,故而也称为滤波。空间域滤波主要基于邻域(空间域)对图像中像素进行计算,我们使用空间域滤波这一术语以区别频率域滤波。

5.2.1　空间域滤波和邻域处理

对图像中的每一点(x,y),重复下面的操作:

(1) 对预先定义的以(x,y)为中心的邻域内的像素进行计算。

(2) 将(1)中运算的结果作为(x,y)点的新响应。

上述过程就称为邻域处理或空间域滤波。一幅数字图像可以看成一个二维函数$f(x,y)$而$x-y$平面表明了空间位置信息,称为空间域,基于$x-y$空间邻域的滤波操作称为空间域滤波。如果邻域中的像素计算为线性运算,则又称为线性空间域滤波,否则称为非线性空间域滤波。

图 5.1 直观的展示了用 3×3 的滤波器进行空间滤波的过程。滤波过程就是在图像 $f(x,y)$ 中逐渐移动滤波器,使滤波器中心与点(x,y)重合,滤波器在每一点(x,y)的响应是根据滤波器的具体内容并通过预先定义的关系来计算的,一般来说,点(x,y)处的响应由滤波器系数与滤波器下面区域的相应 f 的像素值的乘积之和给出。例如,对于图 5.1 而言,此刻对于滤波器的响应 R 如式(5-1)所示。

$$R=w(-1,-1)f(x-1,y-1)+\cdots+w(0,0)f(x,y)+\cdots+$$
$$w(1,1)f(x+1,y+1) \tag{5-1}$$

更一般的情况,对于一个大小为 $m\times n$ 的滤波器,其中 $m=2a+1,n=2b+1,a,b$ 均为正整数,即滤波器长与宽均为奇数,且可能的最小尺寸为 3×3(偶数尺寸的滤波器由于不具有对称性因而很少被使用,而 1×1 大小的模板的操作不考虑邻域信息,退化为图像点运算),可以将滤波操作形式化的表示如式(5-2)所示。

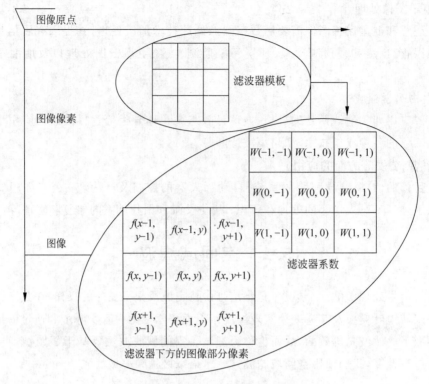

图 5.1　空间滤波示意图

$$G(x,y) = \sum_{s=-a}^{a} \sum_{t=-b}^{b} w(s,t) f(x+s, y+t) \tag{5-2}$$

对于大小为 $M \times N$ 的图像 $f(0 \cdots M-1, 0 \cdots N-1)$，对 $x = 0, 1, 2, \cdots, M-1$ 和 $y = 0$, $1, 2, \cdots, N-1$ 依次应用公式，从而完成对于图像 f 所有像素的处理，得到新的图像 G。

5.2.2　边界处理

执行滤波操作需注意当滤波器位于图像边缘时，滤波器的某些元素很可能位于图像之外，这时需要对边缘附近的那些元素执行滤波操作单独处理，以避免引用到本不属于图像的无意义的值。

以下 3 重策略都可以用来解决边界问题：

(1) 收缩处理范围：处理时忽略位于图像 f 边界附近会引起问题的那些点，如对于图 5.1 中所使用的滤波器，处理时忽略图像 f 四周一圈 1 个像素宽的边界，即只处理从 $x = 1, 2, 3, \cdots, M-2$ 和 $y = 1, 2, 3, \cdots, N-2$ 范围内的点，从而确保了滤波过程中滤波器始终不会超出图像 f 的边界。

(2) 使用常数填充图像：根据滤波器形状为图像 f 虚拟出边界，虚拟边界像素值为指定常数，如 0，得到虚拟图像 f'。保证滤波器在移动过程中始终不会超出 f' 的边界。

(3) 使用复制像素的方法填充图像：和 (2) 基本相同，只是用来填充虚拟边界像素值的不是固定的常数，而是复制图像 f 本身边界的值。

5.3　图 像 平 滑

图像平滑是一种可以减少和抑制图像噪声的图像处理技术。在图像产生、传输和复制过程中，常常会因为多方面原因而被噪声干扰或出现数据丢失，降低了图像的质量。例如某一像素，如果它与周围像素点相比有明显的不同，则该点被噪声所感染。在尽量保留图像原有信息的情况下，过滤掉图像内部的噪声，这一过程称为对图像的平滑处理，所得的图像称为平滑图像。例如，图 5.2(a)是含有噪声的图像，在图像内存在噪声信息，我们通常会通过图像平滑处理等方式去除这些噪声信息。

通过图像平滑处理，可以有效过滤掉图像内的噪声信息。如图 5.2(b)中所示的图像是对图 5.2(a)中的图像进行平滑处理的结果，可以看到原有图像内含有的噪声信息被有效过滤掉了。

(a) 含有噪声的图像　　　　　　　　　　(b) 平滑图像

图 5.2　图像平滑处理

图像平滑处理的基本原理是，将噪声所在像素点的像素值处理为其周围像素点的值的近似值。取近似值的方法很多，本节主要介绍：均值滤波、方框滤波、高斯滤波、中值滤波、双边滤波。

5.3.1　均值滤波

在空间域中最简单的抑制图像噪声的方法就是采用邻域平均的方法。均值滤波就属于邻域平均的方法。均值滤波是指用当前像素点周围 $N \times N$ 个像素值的均值来代替当前像素值。使用该方法遍历处理图像内的每一个像素点，即可完成整幅图像的均值滤波。

1. 均值滤波的理论基础

均值滤波的原理是，一般来说，图像具有局部连续的性质，即相邻像素的数值相近，而噪声的存在使得在噪声处产生灰度跳跃。但一般我们可以合理地假设偶尔出现的噪声并没有改变图像局部连续的性质。基于这个假设，我们采用邻域像素值的平均恢复噪声处的图像局部连续性就可以抑制噪声。

如果我们希望对图 5.3 中位于第 3 行第 4 列的像素点进行均值滤波。

在进行均值滤波时，首先要考虑需要对周围多少个像素点取平均值。通常情况下，我们会以当前像素点为中心，对行数和列数相等的一块区域内的所有像素点的像素值求平均。

例如,在图 5.3 中,可以按当前像素点为中心,对周围 3×3 区域内所有像素点的像素值求平均,也可以对周围 5×5 等区域内所有像素点的像素值求平均。

当前像素点的位置为第 3 行第 4 列,我们对其周围 3×3 区域内的像素值求平均,计算方法为:新值 $=[(30+192+184)+(96+84+206)+125+136+0)]\div9=117$。

计算完成后得到 117,我们将 117 作为当前像素点均值滤波后的像素值。我们对图 5.3 中的每一个像素点计算其周围 3×3 区域的像素值均值,将其作为当前像素点的新值,即可得到当前图像的均值滤波结果。

当然,图像的边界点并不存在 3×3 邻域区域。例如,左上角第一行第一列的像素点,其像素值为 35,如果以其为中心点取周围 3×3 邻域,则 3×3 邻域重视部分区域位于图像外部。图像外部是没有像素点和像素值的,显然是无法计算该点的 3×3 邻域均值。

对于边缘像素点,可以只取图像内存在的周围邻域点的像素均值,如图 5.4 所示,计算左上角的均值滤波结果时,可以取图像中灰色背景的 3×3 邻域内的像素值的平均值。

35	160	145	163	89	106
86	94	30	192	184	167
167	106	96	84	206	146
163	174	125	136	0	236
133	134	146	156	162	183
130	123	186	144	106	136

图 5.3　一幅图像的像素值示例

35	160	145	163	89	106
86	94	30	192	184	167
167	106	96	84	206	146
163	174	125	136	0	236
133	134	146	156	162	183
130	123	186	144	106	136

图 5.4　边界点的处理

除此之外,还可以扩展当前图像的周围像素点。完成图像边缘扩展后,可以在新增的行列内填充不同的像素值。在此基础上,再计算像素点的像素值均值。OpenCV 提供了多种边界处理方式,我们可以根据实际需要选用不同的边界处理模式。

2. 均值滤波的 Python 和 OpenCV 实现

在 OpenCV 中,实现均值滤波的函数是 cv2.blur(),其语法格式为:

```
dst = cv2.blur(src, ksize, anchor, borderType)
```

参数说明:

- dst:表示输出图像,即进行均值滤波后得到的处理结果。
- src:表示输入的原始图像。它可以有任意数量的通道,并能对各个通道独立。
- ksize:表示滤波核的大小。滤波核大小是指在均值处理过程中,其邻域图像的高度和宽度。例如,其值可以为 (3,3),表示以 3×3 大小的邻域均值作为图像均值滤波处理的结果,如式(5-3)所示。

$$K = \frac{1}{3\times3}\begin{bmatrix} 1 & 1 & 1 \\ 1 & 1 & 1 \\ 1 & 1 & 1 \end{bmatrix} \tag{5-3}$$

- anchor:表示锚点,其默认值是 $(-1,-1)$,表示当前计算均值的点位于核的中心点位置。该值使用默认值即可，在特殊情况下可以指定不同的点作为锚点。

- borderType：表示边界样式，该值决定了以何种方式处理边界。一般情况下不需要考虑该值的取值，直接采用默认值即可。

通常情况下，使用均值滤波函数时，对于锚点 anchor 和边界样式 borderType，直接采用其默认值即可。因此，函数 cv2.blur() 的一般形式为：

dst = cv2.blur(src,ksize)

下面的代码完成的功能是，读取一幅噪声图像，使用函数 cv2.blur() 对图像进行均值滤波处理，得到去噪图像，并显示原始图像和去噪图像。

```
import cv2

o = cv2.imread("lenaNoise.jpg")        # 读取待处理图像
r = cv2.blur(o,(5,5))                  # 使用 blur 函数处理
cv2.imshow("original",o)               # 输出原始图像
o = cv2.imwrite("original.jpg",o)      # 储存原始图像
cv2.imshow("result",r)                 # 输出均值滤波结果图像
r = cv2.imwrite("result.jpg",r)        # 储存均值滤波结果图像
cv2.waitKey()
cv2.destroyAllWindows()
```

运行上述程序后，会分别显示图 5.5(a) 的原始图像和图 5.5(b) 的去噪图像。

(a) 原始图像　　　　　　　(b) 去噪图像

图 5.5　均值滤波示例

下面的代码完成的功能是，针对噪声图像，使用不同大小的卷积核对其进行均值滤波，并显示均值滤波的情况。

代码中首先设置函数 cv2.blur() 中的 ksize 参数，分别将卷积核设置为 5×5 大小和 30×30 大小，对比均值滤波的结果。

```
import cv2

o = cv2.imread("lenaNoise.jpg")        # 读取待处理图像
r5 = cv2.blur(o,(5,5))                 # 使用(5,5)卷积核处理
r30 = cv2.blur(o,(30,30))              # 使用(30,30)卷积核处理
```

```
cv2.imshow("original",o)              #输出原始图像
cv2.imshow("result5",r5)              #输出结果图像 result5
cv2.imshow("result30",r30)            #输出结果图像 result30
cv2.waitKey()
cv2.destroyAllWindows()
```

运行上述程序,得到的结果如图 5.6 所示。图 5.6(a)是原始图像,图 5.6(b)是使用 5×5 卷积核进行均值滤波处理结果图像,图 5.6(c)是使用 30×30 卷积核进行均值滤波处理结果图像。

(a) 原始图像

(b) 5×5卷积核均值滤波

(c) 30×30卷积核均值滤波

图 5.6　不同大小卷积核的均值滤波结果

从图中可以看出,使用 5×5 的卷积核进行滤波处理时,图像失真不明显。使用 30×30 的卷积核进行滤波处理时,图像的失真情况较明显。

卷积核越大,参与到均值运算中的像素就会越多,即当前点计算的是更多点的像素值的平均值。因此,卷积核越大,去噪效果越好,当然花费的计算时间也会越长,同时也会让图像变得越来越模糊。尤其当图像的细节与滤波器模板大小相近时,图像的细节就会受到比较大的影响。在实际处理中,要在失真和去噪效果之间取得平衡,在选择模板尺寸时要考虑要滤除的噪声点的大小,有针对性地进行滤波。

5.3.2　方框滤波

OpenCV 还提供了方框滤波方式。与均值滤波相比,方框滤波不会计算像素均值。在均值滤波中,任意一个点的像素值是邻域平均值,等于各邻域像素值之和除以邻域面积。而

在方框滤波中,可以自由选择是否对均值滤波的结果进行归一化,既可以自由选择滤波结果是邻域像素值和的平均值,还是邻域像素之和。

1. 方框滤波的理论基础

我们以 3×3 的邻域为例,在进行方框滤波时,如果计算的是邻域像素值的均值,则滤波关系如下图 5.7 所示。

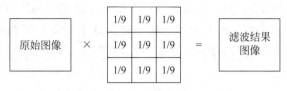

图 5.7　滤波关系图

仍以 3×3 的邻域为例,在进行方框滤波时,如果计算的是邻域像素值之和,则滤波关系如图 5.8 所示。

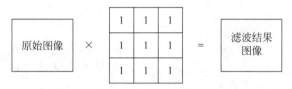

图 5.8　滤波关系图

根据上述关系,如果计算的是邻域像素值的均值则使用的卷积核如式(5-4)所示。

$$\boldsymbol{K} = \frac{1}{3\times3}\begin{bmatrix} 1 & 1 & 1 \\ 1 & 1 & 1 \\ 1 & 1 & 1 \end{bmatrix} \tag{5-4}$$

如果计算的是邻域像素值之和,则使用的卷积核如式(5-5)所示。

$$\boldsymbol{K} = \begin{bmatrix} 1 & 1 & 1 \\ 1 & 1 & 1 \\ 1 & 1 & 1 \end{bmatrix} \tag{5-5}$$

2. 方框滤波的 Python 和 OpenCV 实现

在 OpenCV 中,实现方框滤波的函数是 cv2.boxFilter(),其语法格式为:

```
dst = cv2.boxFilter(src,ddepth,ksize,anchor,normalize,borderType)
```

参数说明:

- dst:表示输出图像,即进行方框滤波后得到的处理结果。
- src:表示输入的原始图像。它能够有任意数量的通道,并能对各个通道独立处理。图像深度应该是 CV_8U、CV_16U、CV_16S、CV_32F 或者 CV_64F 中的一种。
- ddepth:表示处理结果图像的图像深度,一般使用 -1 表示与原始图像使用相同的图像深度。
- ksize:表示滤波核的大小。滤波核大小是指在滤波处理过程中所选择的邻域图像的高度和宽度。例如,滤波核的值可以为(3,3),表示以 3×3 大小的邻域值作为图像均值滤波处理的结果,如式(5-6)所示。

$$K = \frac{1}{3 \times 3} \begin{bmatrix} 1 & 1 & 1 \\ 1 & 1 & 1 \\ 1 & 1 & 1 \end{bmatrix} \tag{5-6}$$

- anchor:表示锚点,其默认值是(-1,-1),表示当前计算均值的点位于核的中心点位置。该值使用默认值即可,在特殊情况下可以指定不同的点作为锚点。
- normalize:表示在滤波时是否进行归一化。这里指将计算结果规范化为当前像素值范围内的值处理,该参数是一个逻辑值,可能为真(1)或假(0)。
  当参数 normalize=1 时,表示要进行归一化处理,要用邻域像素值的和除以面积。
  当参数 normalize=0 时,表示不需要进行归一化处理,直接使用邻域像素值的和。
  通常情况下,针对方框滤波,卷积核可以如式(5-7)所示。

$$K = \frac{1}{\alpha} \begin{bmatrix} 1 & \cdots & 1 \\ \vdots & & \vdots \\ 1 & \cdots & 1 \end{bmatrix} \tag{5-7}$$

上述对应关系可以如式(5-8)所示。

$$\alpha = \begin{cases} \dfrac{1}{\text{width} \cdot \text{height}}, & \text{normalize}=1 \\ 1, & \text{normalize}=0 \end{cases} \tag{5-8}$$

- borderType:表示边界样式,该值决定了以何种方式处理边界。

通常情况下,在使用方框滤波函数时,对于参数 anchor、normalize 和 borderType,直接采用其默认值即可。因此,函数 cv2.boxFilter() 的常用形式为:

dst = cv2.boxFilter(src,ddepth,ksize)

下面的代码针对噪声图像,对其进行方框滤波,其显示滤波结果。代码中使用了方框滤波函数 cv2.boxFilter() 对原始图像进行滤波,相应代码如下:

```
import cv2

o = cv2.imread("lenaNoise.jpg")       # 读取待处理图像
r = cv2.boxFilter(o, - 1,(5,5))       # 使用 boxFilter 函数处理
cv2.imshow("original",o)              # 输出原始图像
cv2.imshow("result",r)                # 输出结果图像
r = cv2.imwrite("result.jpg",r)       # 储存结果图像
cv2.waitKey()
cv2.destroyAllWindows()
```

在本例中,方框滤波函数对 normalize 参数使用了默认值。在默认情况下,该值为1,表示要进行归一化处理。也就是说,本例中使用的是 normalize 为默认值 True 的 cv2.boxFilter() 函数,此时它和函数 cv2.blur() 的滤波结果是完全相同的。如图 5.9(a)是原始图像,图 5.9(b)是方框滤波结果图像。

方框滤波语句 r = cv2.boxFilter(o,-1,(5,5)) 使用了参数 normalize 的默认值,相当

于省略了 normalize=1。因此,该语句与 r=cv2. boxFilter(o,−1,(5,5),normalize=1)是
等效的。当然,此时该语句与均值滤波语句 r5=cv2. blur(o,(5,5))也是等效的。

(a)原始图像

(b)方框滤波结果图像

图 5.9　方框滤波

如下程序针对噪声图像,在方框滤波函数 cv2. boxFilter()内将参数 normalize 的值设
置为 0,显示滤波处理结果。

根据题目要求,将参数 normalize 设置为 0,编写程序相应代码如下:

```python
import cv2

o = cv2.imread("lenaNoise.jpg")                    # 读取待处理图像
r = cv2.boxFilter(o, −1, (5,5), normalize = 0)     # 使用 boxFilter 函数处理
cv2.imshow("original", o)                          # 输出原始图像
cv2.imshow("result", r)                            # 输出结果图像
r = cv2.imwrite("result.jpg", r)                   # 储存结果图像
cv2.waitKey()
cv2.destroyAllWindows()
```

在本例中,没有对图像进行归一化处理。在进行滤波时,计算的是 5×5 邻域的像素值
之和,图像的像素值基本都会超过当前像素值的最大值 255。因此,最后得到的图像接近纯
白色,部分点处有颜色是因为这些点周边邻域的像素值均较小,邻域像素值在相加后仍然小
于 255。此时的图像滤波结果如图 5.10(a)是原始图像,图 5.10(b)是方框滤波结果图像。

(a)原始图像

(b)方框滤波结果图像

图 5.10　方框滤波

　　如下程序针对噪声图像,使用方框滤波函数 cv2.boxFilter()去噪,将参数 normalize 的值设置为 0,将卷积核的大小设置为 2×2,显示滤波结果。

　　根据题目要求,编写程序相应代码如下:

```
import cv2

o = cv2.imread("lenaNoise.jpg")              ♯读取待处理图像
r = cv2.boxFilter(o, -1,(2,2),normalize = 0) ♯使用 boxFilter 函数处理
cv2.imshow("original",o)                      ♯输出原始图像
cv2.imshow("result",r)                        ♯输出结果图像
r = cv2.imwrite("result.jpg", r)             ♯储存结果图像
cv2.waitKey()
cv2.destroyAllWindows()
```

　　在本例中,卷积核大小为 2×2,参数 normalize=0。因此,在本例中方框滤波计算的是 2×2 领域的像素之和,四个像素值的核不一定大于 255,因此在计算结果图像中有部分像素点不是白色。如图 5.11(a)是原始图像,图 5.11(b)是方框滤波处理结果图像。

(a) 原始图像　　　　　　　　　　(b) 方框滤波处理结果图像

图 5.11　方框滤波

5.3.3　高斯滤波

　　在进行均值滤波和方框滤波时,其邻域内每个像素的权重是相等的。在高斯滤波中,会将中心点的权重值加大,远离中心点的权重值减小,在此基础上计算邻域内各个像素值不同权重的和。

1. 高斯滤波的理论基础

　　在高斯滤波中,卷积核中的值不再都是 1。例如,一个 3×3 的卷积核如图 5.12 所示。

1	3	1
3	1	5
2	1	1

图 5.12　卷积核

　　在实际运算中,卷积核需要归一化处理,使用没有归一化处理的卷积核进行滤波,往往会得到错误的结果。

　　仍以 3×3 的邻域为例,在进行高斯滤波时,其运算规则为将该像素点邻域内的像素点按照不同的权重计算。针对图 5.13 最左侧的图像内第 3 行第 3 列位置上像素值为 84 的像素点进行高斯卷积,滤波关系如图 5.13 所示。

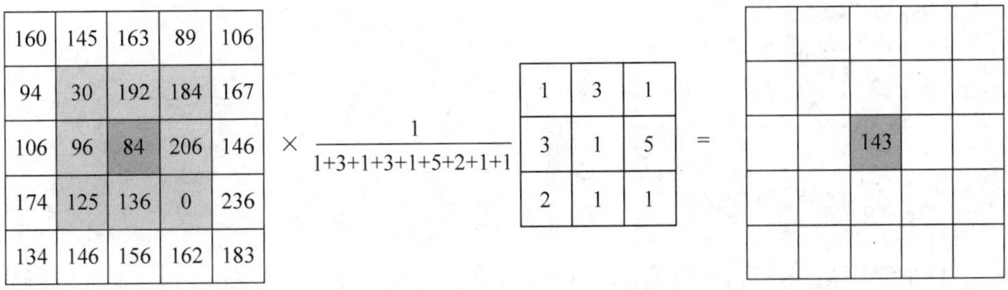

图 5.13　滤波关系图

2. 高斯滤波的 Python 和 OpenCV 实现

在 OpenCV 中，实现高斯滤波的函数是 cv2.GaussianBlur()，其语法格式为：

```
dst = cv2.GaussianBlur(src ,ksize, sigmaX, sigmaY,borderType)
```

参数说明：

- dst：表示输出图像，即进行高斯滤波后得到的处理结果。
- src：表示输入的原始图像。它能够有任意数量的通道，并能对各个通道独立处理。图像深度应该是 CV_8U、CV_16U、CV_16S、CV_32F 或者 CV_64F 中的一种。
- ksize：表示滤波核的大小。滤波核大小是指在滤波处理过程中所选择的邻域图像的高度和宽度。需要注意，滤波核的值必须是奇数。
- sigmaX：表示卷积核在水平方向（X 轴方向）的标准差，其控制的是权重比例。
- sigmaY：表示卷积核在垂直方向上（Y 轴方向）的标准差。如果将该值设置为 0，则只采用 sigmaX 的值；如果 sigmaX 和 sigmaY 都为 0，则通过 ksize.width 和 ksize.height 计算得到。

  其中如式(5-9)、式(5-10)所示。

  $$\text{sigmaX} = 0.3 \times [(\text{ksize.width} - 1) \times 0.5 - 1] + 0.8 \tag{5-9}$$

  $$\text{sigmaY} = 0.3 \times [(\text{ksize.height} - 1) \times 0.5 - 1] + 0.8 \tag{5-10}$$

- borderType：表示边界样式，该值决定了以何种方式处理边界。一般情况下，不需要考虑该值，直接采用默认值即可。

在该函数中，sigmaY 和 borderType 是可选参数。sigmaX 是必选参数，但是可以将该参数设置为 0，让函数自己去计算 sigmaX 的具体值。

官方文档建议显示的指定 ksize、sigmaX 和 sigmaY 三个参数的值，以避免将来函数修改后可能造成的语法错误。当然，在实际处理中，可以显示指定 sigmaX 和 sigmaY 为默认值 0。因此，函数 cv2.GaussianBlur()的常用形式为：

```
dst = cv2.GaussianBlur(src,size,0,0)
```

下面的代码对噪声图像进行高斯滤波，显示滤波的结果。代码中采用了 cv2.GaussianBlur()函数实现高斯滤波，编写程序相应代码如下：

```
import cv2

o = cv2.imread("lenaNoise.jpg")        #读取待处理图像
```

```
r = cv2.GaussianBlur(o,(5,5),0,0)          # 使用 GaussianBlur 函数处理
cv2.imshow("original",o)                   # 输出原始图像
cv2.imshow("result",r)                     # 输出结果图像
r = cv2.imwrite("result.jpg", r)           # 储存结果图像
cv2.waitKey()
cv2.destroyAllWindows()
```

运行上述程序后,结果如下所示,其中图 5.14(a)是原始图像,图 5.14(b)是高斯滤波后的处理结果图像。

(a)原始图像   (b)高斯滤波处理结果图像

图 5.14 高斯滤波

5.3.4 中值滤波

中值滤波与前面介绍的滤波方式不同,不再采用加权求均值的方式计算滤波结果。它用邻域内所有像素值的中间值来替代当前像素点的像素值。

1. 中值滤波的理论基础

中值滤波会取当前像素点及其周围邻近像素点(奇数)的像素值,将这些像素值排序,然后将位于中间位置的像素值作为当前像素点的像素值。

如下所示,计算图 5.15(a)第三行第三列像素点的中值滤波值。将其邻域设置为 3×3 大小,对其邻域内像素点的像素值进行排序(升序或降序均可),按升序排列为:0,30,84,96,125,136,184,192,206。中心位置的像素值为125,用该值替换原像素值84作为新的像素值。

160	145	163	89	106
94	30	192	184	167
106	96	84	206	146
174	125	136	0	236
134	146	156	162	183

160	145	163	89	106
94	30	192	184	167
106	96	125	206	146
174	125	136	0	236
134	146	156	162	183

(a)原图像部分像素值   (b)中值滤波后部分像素值

图 5.15 中值滤波像素值示例

2. 中值滤波的 Python 和 OpenCV 实现

在 OpenCV 中,实现中值滤波的函数是 cv2.medianBlur(),其语法格式为:

```
dst = cv2. medianBlur (src,ksize)
```

参数说明:

- dst:表示输出图像,即进行中值滤波后得到的处理结果。
- src:表示输入的原始图像。它能够有任意数量的通道,并能对各个通道独立处理。图像深度应该是 CV_8U、CV_16U、CV_16S、CV_32F 或者 CV_64F 中的一种。
- ksize:表示滤波核的大小。滤波核大小是指在滤波处理过程中所选择的邻域图像的高度和宽度。需要注意,滤波核的大小必须是大于 1 的奇数,比如 3、5、7 等。

下面代码针对噪声图像,对其进行中值滤波,显示滤波的结果。代码中采用了函数 cv2.medianBlur()实现中值滤波,编写程序相应代码如下:

```
import cv2

o = cv2.imread("lenaNoise.jpg")        # 读取待处理图像
r = cv2.medianBlur(o,3)                 # 使用 medianBlur 函数处理
cv2.imshow("original",o)                # 输出原始图像
cv2.imshow("result",r)                  # 输出结果图像
r = cv2.imwrite("result.jpg", r)        # 储存结果图像
cv2.waitKey()
cv2.destroyAllWindows()
```

运行上诉程序后,结果如图 5.16 所示,其中图 5.16(a)是原始图像,图 5.16(b)是中值滤波处理后的结果图像。

(a) 原始图像　　　　　　　　(b) 中值滤波处理后的结果图像

图 5.16　中值滤波示例

从图像中可以看到,由于没有进行均值处理,中值滤波不存在均值滤波等滤波方式带来的细节模糊问题。在中值滤波处理中,噪声成分很难被选上,所以在几乎不影响原有图像的情况下去除全部噪声。但是由于需要进行排序等操作,中值滤波需要的运算量较大。

5.3.5　双边滤波

双边滤波是综合考虑空间信息和色彩信息的滤波方式,在滤波过程中能够有效保护图像内的边缘信息。

1. 双边滤波的理论基础

前述滤波方式基本都只考虑了空间的权重信息,这种情况计算起来比较方便,但在均值滤波、方框滤波、高斯滤波中都会计算边缘上各个像素点的加权平均值,从而模糊边缘信息。

双边滤波在计算某一个像素点的新值时,不仅考虑距离信息(距离越远,权重越小),还考虑色彩信息(色彩差别越大,权重越小)。双边滤波综合考虑距离和色彩的权重结果,既能有效的去除噪声,又能较好地保护边缘信息。

在双边滤波中,当处在边缘时,与当前点颜色相近的像素点会被给予较大的权重值;与当前颜色差别较大的像素点会被给予较小的权重值,这样就保护了边缘信息。

2. 双边滤波的 Python 和 OpenCV 实现

在 OpenCV 中,实现双边滤波的函数是 cv2.bilateralFilter(),其语法格式为:

```
dst = cv2.bilateralFilter(src,d,sigmaColor,sigmaSpace,borderType)
```

参数说明:

- dst:表示输出图像,即进行双边滤波后得到的处理结果。

- src:表示输入的原始图像。它能够有任意数量的通道,并能对各个通道独立处理。图像深度应该是 CV_8U、CV_16U、CV_16S、CV_32F 或者 CV_64F 中的一种。

- d:表示在滤波时选取的空间距离参数,这里表示以当前像素点为中心点的直径。如果该值为非正数,则会自动从参数 sigmaSpace 计算得到。如果滤波空间较大($d>5$),则速度较慢。因此,在实时应用中,推荐 $d=5$。对于较大噪声的离线滤波,可以选择 $d=9$。

- sigmaColor:表示在滤波处理时选取的颜色差值范围,该值决定了周围哪些像素点能够参与到滤波中来。与当前像素点的像素值差值小于 sigmaColor 的像素点,能够参与到当前的滤波中。该值越大,就说明周围有越多的像素点可以参与到运算中。该值为 0 时,滤波失去意义;该值为 255 时,指定直径内的所有点都能够参与运算。

- sigmaSpace:表示坐标空间中的 sigma 值。它的值越大,说明有越多的点能够参与到滤波计算中来。当 $d>0$ 时,无论 sigmaSpace 的值如何,d 都指定邻域大小;否则,d 与 sigmaSpace 的值成比例。

- borderType:表示边界样式,该值决定了以何种方式处理边界。一般情况下,不需要考虑该值,直接采用默认值即可。

为了简单起见,可以将两个 sigma(sigmaSpace 和 sigmaColor)的值设置为相同的。如果它们的值比较小(如小于 10),滤波的效果将不太明显;如果它们的值较大(例如大于 150),则滤波效果会比较明显,会产生卡通效果。

在函数 cv2.bilateralFilter()中,参数 borderType 是可选参数,其余参数全部为必选参数。

下面的代码使用了双边滤波函数 cv2.bilateralFilter()对原始图像进行滤波。

```
import cv2

o = cv2.imread("lenaNoise.jpg")        #读取待处理图像
```

```
r = cv2.bilateralFilter(o,25,100,100)        #使用 bilateralFilter 函数处理
cv2.imshow("original",o)                      #输出原始图像
cv2.imshow("result",r)                        #输出结果图像
r = cv2.imwrite("result.jpg", r)             #储存结果图像
cv2.waitKey()
cv2.destroyAllWindows()
```

运行程序,结果如图 5.17 所示,其中图 5.17(a)是原始图像,图 5.17(b)是双边滤波的结果图像。从图中可以看出,双边滤波去噪声的效果并不好。双边滤波的优势体现在对于边缘信息的处理上。经过双边滤波的边缘得到了较好的保留。

(a) 原始图像　　　　　　　　(b) 双边滤波的结果图像

图 5.17　双边滤波示例

5.4　图 片 锐 化

图像锐化处理的目的是加强图像中景物的边缘和轮廓,使模糊图像变得更清晰。图像模糊的实质是由于图像受到平均或积分运算,因此对其采用逆运算,就可以使模糊图像的质量得到改善。从频率域角度看,图像的模糊是其高频分量受到衰减,因而采用合适的高通滤波器可以使图像清晰。

1. 图片锐化的理论基础

图像锐化与图像平滑是相反的操作,锐化是通过增强高频分量来减少图像中的模糊,增强图像细节边缘和轮廓,增强灰度反差,便于后期对目标的识别和处理。锐化处理在增强图像边缘的同时也增加了图像的噪声。由于 OpenCV 似乎没有直接提供图像锐化的函数,我们需要用自定义卷积核来自己实现锐化。

2. 图片锐化的 Python 和 OpenCV 实现

在 OpenCV 中,实现卷积操作的函数是 cv2.filter2D(),其语法格式为:

dst = cv2.filter2D(src,dst,kernel,anchor)

参数说明:

- src：表示输入的原始图像。它能够有任意数量的通道,并能对各个通道独立处理。图像深度应该是 CV_8U、CV_16U、CV_16S、CV_32F 或者 CV_64F 中的一种。
- dst：表示输出图像,即进行锐化后得到的处理结果。

- kernel：表示卷积核，即单通道浮点矩阵。
- anchor：表示锚点，其默认值是(−1,−1)，表示当前计算均值的点位于核的中心点位置。该值使用默认值即可，在特殊情况下可以指定不同的点作为锚点。

下面的代码使用自定义 3 个卷积核对原始图像进行滤波，分别将卷积核设置为 2 个 3×3 大小和 1 个 5×5 大小，对比均值滤波的结果。设计代码如下：

```python
import cv2
import numpy as np

o = cv2.imread("lenaNoise.jpg")                           #读取待处理图像
kernel_sharpen_1 = np.array([                             # 构建卷积核 kernel_sharpen_1
[−1, −1, −1],
[−1, 9, −1],
[−1, −1, −1]])
kernel_sharpen_2 = np.array([                             # 构建卷积核 kernel_sharpen_2
[1, 1, 1],
[1, −7, 1],
[1, 1, 1]])
kernel_sharpen_3 = np.array([                             # 构建卷积核 kernel_sharpen_3
[−1, −1, −1, −1, −1],
[−1, 2, 2, 2, −1],
[−1, 2, 8, 2, −1],
[−1, 2, 2, 2, −1],
[−1, −1, −1, −1, −1]]) / 8.0
output_1 = cv2.filter2D(o, −1, kernel_sharpen_1)         #使用卷积核 kernel_sharpen_1 进行卷积
output_2 = cv2.filter2D(o, −1, kernel_sharpen_2)         #使用卷积核 kernel_sharpen_2 进行卷积
output_3 = cv2.filter2D(o, −1, kernel_sharpen_3)         #使用卷积核 kernel_sharpen_3 进行卷积
cv2.imshow('Original', o)                                 #输出原始图像
cv2.imshow('sharpen_1', output_1)                         #输出结果图像 sharpen_1
cv2.imwrite('sharpen_1.jpg', output_1)                    #存储结果图像 sharpen_1
cv2.imshow('sharpen_2 Image', output_2)                   #输出结果图像 sharpen_2
cv2.imwrite('sharpen_2.jpg', output_2)                    #存储结果图像 sharpen_2
cv2.imshow('sharpen_3 Image', output_3)                   #输出结果图像 sharpen_3
cv2.imwrite('sharpen_3.jpg', output_3)                    #存储结果图像 sharpen_3
if cv2.waitKey(0) & 0xFF == 27:
cv2.destroyAllWindows()
```

运行上述程序后，结果如图 5.18 所示，其中图 5.18(a)是原始图像，图 5.18(b)是 sharpen_1，图 5.19(a)是 sharpen_2，图 5.19(b)是 sharpen_3。可以看出对图像进行锐化，使灰度反差增强，且增强了图像的边缘，使模糊的图像变得清晰起来。这种模糊不是由于错误操作，而是特殊图像获取方法的固有影响。通过图像的锐化操作达到提取目标物体边界，便于目标区域的识别等目的，使图像的质量有所改变，产生适合人观察和识别的图像，有助于突出图像的边缘和轮廓等特征。

(a) 原始图像　　　　　　　　　(b) 3×3卷积核锐化后结果图像

图 5.18　原始图像与 3×3 卷积核锐化结果

(a) 不同3×3卷积核锐化后结果图像　　　(b) 5×5卷积核锐化后结果图像

图 5.19　自定义卷积核锐化结果

## 第6章

图像的形态学运算

本章学习目标
- 了解形态学运算的基础知识
- 掌握常用的形态学操作基本原理
- 熟练掌握常用的几种形态学操作代码实现

本章首先介绍了图像的腐蚀、膨胀、开操作、闭操作,之后介绍了图像形态学梯度运算,最后介绍了图像的孔洞填充和细化算法。

6.1 腐　　蚀

腐蚀是最基本的形态学操作之一,它能够将图像的边界点消除,使图像沿着边界向内收缩,也可以将小于指定结构体元素的部分去除。腐蚀用来"收缩"或者"细化"二值图像中的前景,借此实现去除噪声,元素分割等功能。

6.1.1 腐蚀理论基础

在腐蚀过程中,通常使用一个结构元素来逐个像素扫描要被腐蚀的图像,并根据结构元和被腐蚀图像的关系来确定腐蚀结果。

如图 6.1 所示,(a)表示要被腐蚀的图像,(b)表示结构元素 kernel,(c)中的阴影部分表

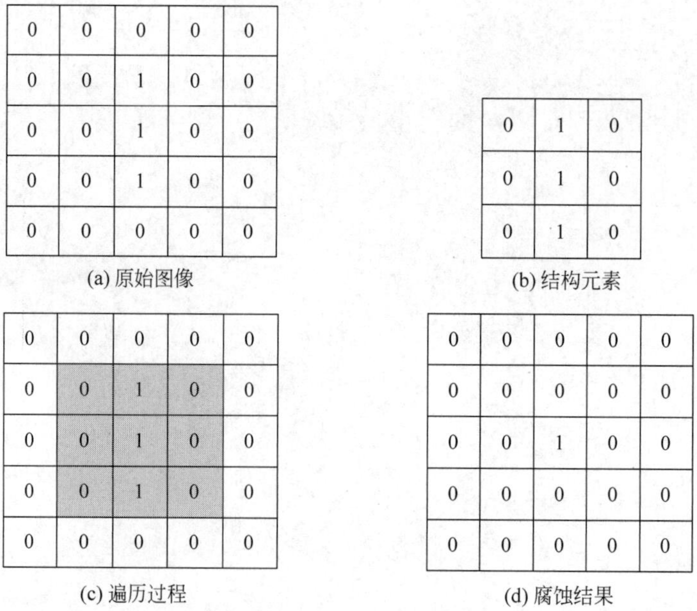

0	0	0	0	0
0	0	1	0	0
0	0	1	0	0
0	0	1	0	0
0	0	0	0	0

(a) 原始图像

0	1	0
0	1	0
0	1	0

(b) 结构元素

0	0	0	0	0
0	0	1	0	0
0	0	1	0	0
0	0	1	0	0
0	0	0	0	0

(c) 遍历过程

0	0	0	0	0
0	0	0	0	0
0	0	1	0	0
0	0	0	0	0
0	0	0	0	0

(d) 腐蚀结果

图 6.1　腐蚀示意图

示 kernel 在遍历原始图像时,kernel 完全位于前景对象内部时的 3 个可能位置。(d)表示腐蚀结果,即当 kernel 完全与前景图像重合时,其中心点所对应的结果图像中像素点的值为 1;当 kernel 不完全与前景图像重合时,其中心点对应的结果图像中像素点的值为 0。

6.1.2　腐蚀的 Python 和 OpenCV 实现

在 OpenCV 中,使用函数 cv2. erode()实现腐蚀操作,其语法格式为:

dst = cv2. erode(src,kernel[,anchor[,iterations[,borderType[,borderValue]]]])

参数说明:

- dst:表示腐蚀后所输出的目标图像。该图像和原始图像具有相同的类型和大小。
- src:表示需要进行腐蚀操作的原始图像。其中,图像的通道数可以是任意的,但是要求图像的深度必须是 CV_8U、CV_16U、CV_16S、CV_32F 或 CV_64F。
- kernel:表示腐蚀操作时所采用的结构类型。它可以自定义生成,也可以通过函数 cv2. getStructuringElement()生成。
- anchor:表示 element 结构中锚点的位置。该值默认为(-1,-1),在核的中心位置。
- iterations:表示腐蚀操作迭代的次数,该值默认为 1,即只进行一次腐蚀操作。
- borderType:表示边界样式,一般采用其默认值 BORDER_CONSTANT。
- borderValue:表示边界值,一般采用默认值。

如下代码使用函数 cv2. erode()完成图像腐蚀,相应的代码编写如下:

```
import cv2
import numpy as np

o = cv2. imread("original.gif")              #读取待处理图像
kernel = np. ones((5,5),np. uint8)           #构建卷积核
erosion = cv2. erode(o,kernel, iterations = 2)  #使用 erode 函数处理
cv2. imshow("original",o)                    #输出原始图像
cv2. imshow("erosion",erosion)               #输出结果图像
cv2. imwrite("erosion. jpg",erosion)         #储存结果图像
cv2. waitKey()
cv2. destroyAllWindows()
```

在上述代码中,首先使用语句 kernel=np. ones((5,5),np. uint8)生成 5×5 的核,对原始图像进行腐蚀操作。使用参数 iterations=2 对函数 cv2. erode()的迭代次数进行控制,让其迭代 2 次。

运行程序,结果如图 6.2 所示。其中图 6.2(a)表示原始图像,图 6.2(b)为腐蚀操作后的结果。可见图 6.2(b)看上去比图 6.2(a)"瘦"了一圈。

下面的代码通过调节函数 cv2. erode()参数,完成图像腐蚀,观察不同迭代次数下的图像腐蚀效果,相应程序代码编写如下:

(a) 原始图像　　　　　　　　　(b) 腐蚀操作后的图像

图 6.2　腐蚀操作

```
import cv2
import numpy as np

o = cv2.imread("original.gif")                      ♯读取待处理图像
kernel = np.ones((9,9),np.uint8)                    ♯构建卷积核
erosion = cv2.erode(o,kernel,iterations = 3)        ♯使用 erode 函数处理
cv2.imshow("original",o)                            ♯输出原始图像
cv2.imshow("erosion",erosion)                       ♯输出结果图像
cv2.imwrite("erosion.jpg",erosion)                  ♯储存结果图像
cv2.waitKey()
cv2.destroyAllWindows()
```

在上述程序中,使用语句 kernel＝np.ones((9,9),np.uint8)生成 9×9 的结构元素核,对原始图像进行腐蚀操作。使用参数 iterations＝3 对函数 cv2.erode()的迭代次数进行控制,让其迭代 3 次。

运行程序,结果如图 6.3 所示。其中图 6.3(a)表示原始图像,图 6.3(b)为腐蚀操作后的结果。由于上述程序的迭代次数增多,因此图 6.3(b)中的腐蚀效果比图 6.2(b)中的腐蚀效果更加明显。

(a) 原始图像　　　　　　　　　(b) 腐蚀操作后的图像

图 6.3　调节参数后的腐蚀

6.2 膨　　胀

膨胀操作是形态学中另外一种基本的操作。膨胀操作和腐蚀操作的作用是相反的，膨胀操作能对图像的边界进行扩张。膨胀操作将与当前对象接触到的背景点合并到当前对象内，从而实现将图像的边界点向外扩张。如果图像内两个对象的距离较近，那么在膨胀的过程中，两个对象可能会连通在一起。膨胀操作对填补图像分割后图像内的空白相当有帮助。

6.2.1 膨胀理论基础

同腐蚀过程一样，在膨胀过程中，也是使用一个结构元来逐个像素扫描要被膨胀的图像，并根据结构元和待膨胀图像的关系来确定膨胀结果。

如图 6.4 和图 6.5 所示，其中图 6.4(a)表示需要膨胀的原始图像，图 6.4(b)表示结构元素 kernel，图 6.5(a)中的阴影部分表示 kernel 在遍历原始图像时，与前景对象重合的可能位置，图 6.5(b)表示膨胀结果图像。当 kernel 中任意一个像素点与前景对象重合时，其中心点所对应的膨胀结果图像内的像素点值为 1；当 kernel 与前景对象完全无重合时，其中心点对应的膨胀结果图像素点的值为 0。

0	0	0	0	0
0	0	0	0	0
0	0	1	0	0
0	0	0	0	0
0	0	0	0	0

(a) 原始图像

1	1	1
1	1	1
1	1	1

(b) 结构元素

图 6.4　原始图像与核示意图

0	0	0	0	0
0	0	0	0	0
0	0	1	0	0
0	0	0	0	0
0	0	0	0	0

(a) 遍历过程

0	0	0	0	0
0	1	1	1	0
0	1	1	1	0
0	1	1	1	0
0	0	0	0	0

(b) 结果图像

图 6.5　膨胀示意图

6.2.2 膨胀的 Python 和 OpenCV 实现

在 OpenCV 中，采用函数 cv2.dilate()实现对图像的膨胀操作，其语法格式为：

```
dst = cv2.dilate(src,kernel[,anchor[,iterations[,borderType[,borderValue]]]])
```

参数说明：

- dst：表示膨胀后所输出的目标图像。该图像和原始图像具有相同的类型和大小。
- src：表示进行膨胀操作的原始图像。其中，图像的通道数可以是任意的，但是要求图像的深度必须是 CV_8U、CV_16U、CV_16S、CV_32F 或 CV_64F。
- kernel：表示膨胀操作所采用的结构类型。它可以自定义生成，也可以通过函数 cv2.getStructuringElement()生成。
- anchor：表示 element 结构中锚点的位置。该值默认为(−1,−1)，在核的中心位置。
- iterations：表示操作迭代的次数，该值默认为 1，即只进行一次操作。
- borderType：表示边界样式，一般采用其默认值 BORDER_CONSTANT。
- borderValue：表示边界值，一般采用默认值。

下面的代码使用函数 cv2.dilate()完成膨胀操作。

```python
import cv2
import numpy as np

o = cv2.imread("original1.gif")                      #读取待处理图像
kernel = np.ones((5,5),np.uint8)                     #构建卷积核
dilation = cv2.dilate(o,kernel,iterations = 3)       #使用 dilate 函数处理
cv2.imshow("original",o)                             #输出原始图像
cv2.imshow("dilation",dilation)                      #输出结果图像
cv2.imwrite("dilation.jpg",dilation)                 #储存结果图像
cv2.waitKey()
cv2.destroyAllWindows()
```

在本例中，使用语句 kernel＝np.ones((5,5),np.uint8)生成 5×5 的结构元素核，对原始图像进行膨胀操作。使用参数 iterations＝3 对函数 cv2.dilate()的迭代次数进行控制，让其迭代 3 次。

运行程序，结果如图 6.6 所示。其中图 6.6(a)表示原始图像，图 6.6(b)表示膨胀操作后的结果。可见图 6.6(b)看上去比图 6.6(a)"胖"了一圈。

(a) 原始图像　　　　　　　　(b) 膨胀操作后的图像

图 6.6　膨胀操作

接下来通过调节函数 cv2.dilate()参数，完成图像的膨胀，观察不同迭代次数下图像膨胀的效果，相应程序如下：

```
import cv2
import numpy as np

o = cv2.imread("original1.gif")                    # 读取待处理图像
kernel = np.ones((9,9),np.uint8)                   # 构建卷积核
dilation = cv2.dilate(o,kernel,iterations = 5)     # 使用 dilate 函数处理
cv2.imshow("original",o)                           # 输出原始图像
cv2.imshow("dilation",dilation)                    # 输出结果图像
cv2.imwrite("dilation.jpg",dilation)               # 储存结果图像
cv2.waitKey()
cv2.destroyAllWindows()
```

在上述程序中,使用语句 kernel=np.ones((9,9),np.uint8)生成 9×9 的结构元素核,对原始图像进行膨胀操作。使用参数 iterations=5 对函数 cv2.dilate()的迭代次数进行控制,让其迭代 5 次。

运行程序,结果如图 6.7 所示。其中图 6.7(a)表示原始图像,图 6.7(b)表示膨胀操作后的结果。由于膨胀迭代次数的增加,因此图 6.7(b)中的膨胀效果比图 6.6(b)中的膨胀效果更加明显。

(a) 原始图像　　　　　　　　　　　　　(b) 膨胀操作后的图像

图 6.7　不同参数下的膨胀操作结果

6.3　开　操　作

6.3.1　开操作理论基础

开操作是先将图像腐蚀,再对腐蚀结果进行膨胀。开操作是一个基于几何运算的滤波器,可以用于去噪,而使总的位置和形状不变。不同的结构元的选择导致不同的分割,即提取出不同的特征。

开操作的过程如图 6.8 所示,(a)表示目标图像。其中白色部分代表背景,灰色部分代表目标。(b)表示结构元素。其中原点位置用黑色标注。结构元素在目标图像中滑动的过程中,原点位置也就是黑色标注位置与目标图像中的像素逐一重合。当原点与目标图像中的某像素重合时改变与原点所对应的目标图像的像素的值。(c)表示进行腐蚀操作后的结

果。(d)表示再进行膨胀操作后的结果。

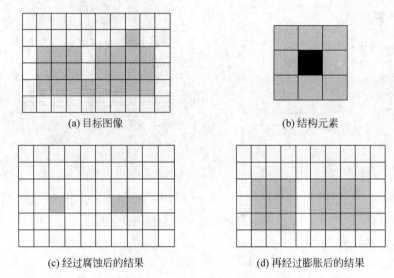

(a)目标图像　　　　　　　　　　(b)结构元素

(c)经过腐蚀后的结果　　　　　　(d)再经过膨胀后的结果

图 6.8　开操作过程图

6.3.2　开操作的 Python 和 OpenCV 实现

在 OpenCV 中提供了函数 cv2.morphologyEx()来实现开操作形态学运算,其语法格式为:

```
dst = cv2.morphologyEx(src,op,kernel[,anchor[,iterations[,borderType[,borderValue]]]])
```

参数说明:

- dst:表示经过形态学处理后所输出的目标图像。该图像和原始图像具有相同的类型和大小。
- src:表示需要进行形态学操作的原始图像。其中,图像的通道数可以是任意的,但是要求图像的深度必须是 CV_8U、CV_16U、CV_16S、CV_32F 或 CV_64F。
- op:表示操作类型,如表 6.1 所示。各种形态学运算的操作规则均是将腐蚀和膨胀操作进行组合而得到的。

表 6.1　op 代表操作类型

类　型	说　明	含　义
cv2.MORPH_ERODE	腐蚀	腐蚀
cv2.MORPH_DILATE	膨胀	膨胀
cv2.MORPH_OPEN	开运算	先腐蚀后膨胀
cv2.MORPH_CLOSE	闭运算	先膨胀后腐蚀
cv2.MORPH_GRADIENT	形态学梯度运算	膨胀图减腐蚀图

- kernel:表示操作时所采用的结构类型。它可以自定义生成,也可以通过函数 cv2.getStructuringElement()生成。
- anchor:表示 element 结构中锚点的位置。该值默认为$(-1,-1)$,在核的中心位置。

- iterations：表示操作迭代的次数，该值默认为 1，即只进行一次操作。
- borderType：表示边界样式，一般采用其默认值 BORDER_CONSTANT。
- borderValue：表示边界值，一般采用默认值。

如下程序使用函数 cv2. morphologyEx()实现开操作。

```
import cv2
import numpy as np

o = cv2.imread("original.gif")              #读取待处理图像
k = np.ones((20,20),np.uint8)               #构建卷积核
r = cv2.morphologyEx(o,cv2.MORPH_OPEN,k)    #使用 morphologyEx 函数处理
cv2.imshow("result", r)                     #输出结果图像
cv2.imwrite("result.jpg", r)                #储存结果图像
cv2.waitKey()
cv2.destroyAllWindows()
```

在本例中，使用语句 k＝np. ones((20,20), np. uint8)生成 20×20 的核，对图像进行开操作，结果如图 6.9 所示。

(a) 原始图像　　　　　　　　　　　(b) 开操作后的图像

图 6.9　开操作

6.4　闭　操　作

6.4.1　闭操作理论基础

闭操作是先膨胀后腐蚀的运算，它有助于关闭前景物体内部的小孔，或去除物体上的小黑点，还可以将不同的前景图像进行连接。闭操作是通过填充图像的凹角来滤波图像的。结构元的大小不同将导致滤波效果的不同。不同结构元的选择导致了不同的分割。

闭操作的过程如图 6.10 所示，(a)表示目标图像。其中白色部分代表背景，灰色部分代表目标。(b)表示结构元素。其中原点位置用黑色标注。判断 kernel 与前景图像是否重合，并改变其中心点对应的结果图像中像素点的值。(c)表示进行膨胀操作后的结果。(d)表示再进行腐蚀操作后的结果。

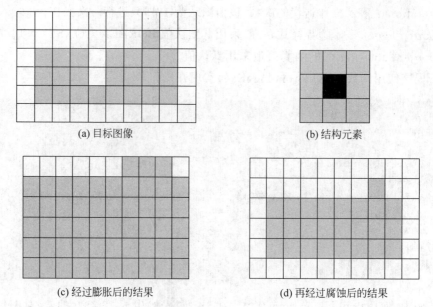

(a) 目标图像　　　　　　　　　　　　　(b) 结构元素

(c) 经过膨胀后的结果　　　　　　　　　(d) 再经过腐蚀后的结果

图 6.10　闭操作过程

6.4.2　闭操作的 Python 和 OpenCV 实现

在 OpenCV 中提供了函数 cv2. morphologyEx()来实现闭操作形态学运算,其语法格式为:

dst = cv2.morphologyEx(src,op,kernel[,anchor[,iterations[,borderType[,borderValue]]]])

参数说明:

- dst:表示经过形态学处理后所输出的目标图像。该图像和原始图像具有相同的类型和大小。
- src:表示需要进行形态学操作的原始图像。其中,图像的通道数可以是任意的,但是要求图像的深度必须是 CV_8U、CV_16U、CV_16S、CV_32F 或 CV_64F。
- op:表示操作类型,如表 6.1 所示。各种形态学运算的操作规则均是将腐蚀和膨胀操作进行组合而得到的。
- kernel:表示操作时所采用的结构类型。它可以自定义生成,也可以通过函数 cv2. getStructuringElement()生成。
- anchor:表示 element 结构中锚点的位置。该值默认为(−1,−1),在核的中心位置。
- iterations:表示操作迭代的次数,该值默认为 1,即只进行一次操作。
- borderType:表示边界样式,一般采用其默认值 BORDER_CONSTANT。
- borderValue:表示边界值,一般采用默认值。

下面程序使用函数 cv2. morphologyEx()实现闭操作。

```
import cv2
import numpy as np
```

```
o = cv2.imread("original.jpg")              # 读取待处理图像
k = np.ones((20,20),np.uint8)               # 构建卷积核
r = cv2.morphologyEx(o,cv2.MORPH_CLOSE,k)   # 使用 morphologyEx 函数处理
cv2.imshow("result", r)                     # 输出结果图像
cv2.imwrite("result.jpg", r)                # 储存结果图像
cv2.waitKey()
cv2.destroyAllWindows()
```

在本例中,使用语句 k=np. ones((20,20),np. uint8)生成 20×20 的核,对图像进行闭操作,结果如图 6.11 所示,其中图 6.11(a)表示原始图像,图 6.11(b)表示进行闭操作后的图像。

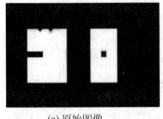 

(a) 原始图像　　　　　　　　　(b) 闭操作后的图像

图 6.11　闭操作

6.5　形态学梯度运算

6.5.1　形态学梯度运算理论基础

形态学梯度运算是将原图像膨胀后的图像与腐蚀后的图像进行减操作,该操作可以获取原始图像中前景图像的边缘。

形态学梯度运算的过程如图 6.12 和图 6.13 所示,图 6.12(a)表示目标图像。其中白色部分代表背景,灰色部分代表前景目标。图 6.12(b)表示结构元素。其中原点位置用黑色标注。黑色中点逐一与目标图像中的像素重合,并改变结构元素中心点对应的结果图像中像素点的值。

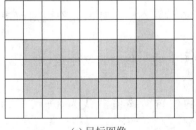

(a) 目标图像　　　　　　　　　　　(b) 结构元素

图 6.12　目标图像与结构元示意图

图 6.13(a)表示进行膨胀操作后的结果。图 6.13(b)表示进行腐蚀操作后的结果。图 6.13(c)表示膨胀图像减腐蚀图像的结果。

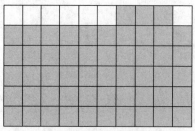
(a) 经过膨胀后的结果

(b)经过腐蚀后的结果

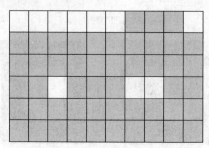
(c) 形态学梯度运算后的图像

图 6.13　形态学梯度运算过程图

6.5.2　形态学梯度运算的 Python 和 OpenCV 实现

在 OpenCV 中提供了函数 cv2. morphologyEx() 来实现形态学梯度运算,其语法格式为:

```
dst = cv2.morphologyEx(src,op,kernel[,anchor[,iterations[,borderType[,borderValue]]]])
```

参数说明:

- dst:表示经过形态学处理后所输出的目标图像。该图像和原始图像具有相同的类型和大小。
- src:表示需要进行形态学操作的原始图像。其中,图像的通道数可以是任意的,但是要求图像的深度必须是 CV_8U、CV_16U、CV_16S、CV_32F 或 CV_64F 这五种类型之一。
- op:表示操作类型,如表 6.1 所示。各种形态学运算的操作规则均是将腐蚀和膨胀操作进行组合而得到的。
- kernel:表示操作时所采用的结构类型。它可以自定义生成,也可以通过函数 cv2. getStructuringElement()生成。
- anchor:表示 element 结构中锚点的位置。该值默认为(-1,-1),在核的中心位置。
- iterations:表示操作迭代的次数,该值默认为 1,即只进行一次操作。
- borderType:表示边界样式,一般采用其默认值 BORDER_CONSTANT。
- borderValue:表示边界值,一般采用默认值。

下面程序使用函数 cv2. morphologyEx()实现形态学梯度运算。

根据题目要求,编写相关程序如下:

```
import cv2
import numpy as np

o = cv2.imread("gradient.gif")                    #读取待处理图像
k = np.ones((20,20),np.uint8)                      #构建卷积核
r = cv2.morphologyEx(o,cv2.MORPH_GRADIENT,k)       #使用 morphologyEx 函数处理
cv2.imshow("result", r)                            #输出结果图像
cv2.imwrite("result.jpg", r)                       #储存结果图像
cv2.waitKey()
cv2.destroyAllWindows()
```

运行程序,结果如图 6.14 所示,其中,(a)表示原始图像,(b)表示形态学梯度运算结果。

(a) 原始图像　　　　　　　(b) 形态学梯度运算后的图像

图 6.14　形态学梯度运算结果

6.6　孔洞填充

图像内轮廓填充通常称为孔洞填充,图像中的目标提取之前往往要进行孔洞填充的操作。如果使用 MATLAB 进行空洞填充得话,MATLAB 中的 imfill 函数可以方便地实现二值图像的孔洞填充,而在 OpenCV 中并没有相同功能的函数。下面介绍基于 Python 语言和 OpenCV 实现孔洞填充的理论基础和代码。

6.6.1　孔洞填充理论基础

先来看图 6.15 的示例。

对 A 图进行孔洞填充,求出 A 的补集作为备用。首先用 A 图孔洞中的一点作为初始图像 d,然后用结构元对初始图像进行膨胀。如果膨胀的结果超过了孔洞的大小,可以用 A 的补集对其求交集,将其结果限制在孔洞内(由于结构元是一个四连通元素,每一次膨胀其边界不会超出一个像素点,而由于 A 的补集四周都是一个像素宽的沟壑,所以求交集刚好能限制膨胀过界的像素)。进行迭代,直到结果相同且没变化,得到孔洞的填充图像 e。最后与原图像 A 求并集刚好就把孔洞填充好并且得到最终结果图像 f。

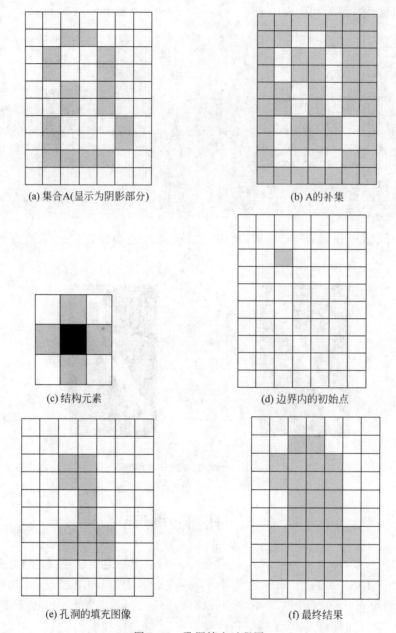

(a) 集合A(显示为阴影部分)　　　　　　(b) A的补集

(c) 结构元素　　　　　　(d) 边界内的初始点

(e) 孔洞的填充图像　　　　　　(f) 最终结果

图 6.15　孔洞填充过程图

如图 6.15 所示,(a)表示初始图像 A,(b)表示 A 的补集,(c)表示结构元素,(d)表示边界内的初始点,(e)表示结构元对边界内的初始点进行膨胀得到的结果,(f)表示膨胀结果 e 和初始图像 A 的并集。

6.6.2　孔洞填充的 Python 和 OpenCV 实现

利用 cv2.cvtColor(p1,p2) 函数进行孔洞填充,cv2.cvtColor(p1,p2)是颜色空间转换函数,参数说明如下:

- p1:表示需要转换的图片。

- p2：表示转换成何种格式，cv2.COLOR_BGR2RGB 为将 BGR 格式转换成 RGB 格式；cv2.COLOR_BGR2GRAY 为将 BGR 格式转换成灰度图片。

cv2.threshold(src，thresh，maxval，type[，dst]) 是通过遍历灰度图中点，将图像信息二值化，处理过后的图片只有二种色值的函数，参数说明如下：

- dst：表示经过形态学处理后所输出的目标图像。
- src：表示的是图片源。
- thresh：表示的是阈值(起始值)。
- maxval：表示的是最大值。
- type：表示的是这里划分的时候使用的是什么类型的算法。

下面的程序用 Python 语言基于 OpenCV 实现了孔洞填充。

```
import cv2
import numpy as np


path = "_holefill.jpg"
img = cv2.imread(path)                                          # 读取待处理图像
gray = cv2.cvtColor(img, cv2.COLOR_BGR2GRAY)                    # 转换成灰度图
ret, thresh = cv2.threshold(gray, 50, 250, cv2.THRESH_BINARY_INV)  # 灰度图转换成二值图像
thresh_not = cv2.bitwise_not(thresh)                           # 二值图像的补集
kernel = cv2.getStructuringElement(cv2.MORPH_ELLIPSE, (3,3))    # 构建 3×3 结构元
"""
构建阵列 F，并将 thresh_not 边界值写入 F
"""
F = np.zeros(thresh.shape, np.uint8)
F[:, 0] = thresh_not[:, 0]
F[:, -1] = thresh_not[:, -1]
F[0, :] = thresh_not[0, :]
F[-1, :] = thresh_not[-1, :]
"""
循环迭代，对 F 进行膨胀操作，结果与 thresh_not 执行 and 操作
"""
for i in range(200):
    F_dilation = cv2.dilate(F, kernel, iterations = 1)
    F = cv2.bitwise_and(F_dilation, thresh_not)
result = cv2.bitwise_not(F)                                     # 对结果执行 not
cv2.imshow('p', result)                                         # 输出结果图像 p
cv2.imshow('r', thresh)                                         # 输出结果图像 r
cv2.waitKey(0)
```

在本例中用 Python 语言基于 OpenCV 实现孔洞填充，如图 6.16 所示，其中(a)表示原始图像。(b)表示二值图像。(c)表示实现孔洞填充后的图像。

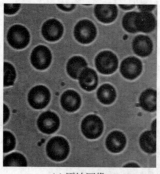
(a) 原始图像

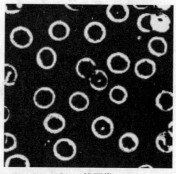
(b) 二值图像

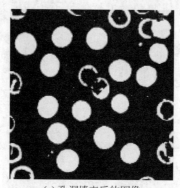
(c) 孔洞填充后的图像

图 6.16　孔洞填充示例

6.7　细　化　算　法

指图像细化一般是二值图像骨架化的一种操作运算。骨架是指一副图像的骨骼部分，它描述物体的几何形状和拓扑结构，是重要的图像描绘子之一。

6.7.1　细化算法理论基础

一个图像的骨架由一些直线和曲线构成。骨架可以提供一个图像目标的尺寸和形状信息，在数字图像分析中具有重要的地位。图像细化是进行图像识别、线条类图像目标分析的重要手段。通常，对我们感兴趣的目标物体进行细化有助于突出目标的形状特点和拓扑结构并减少冗余的信息量。

图像细化即在不影响原图像拓扑连接关系的条件下，尽可能用最少的迭代次数，快速准确地将宽度大于一个像素的图形线条转变为一个像素宽线条的处理过程，也就是抽取像素的骨架。

常用的细化算法有：OPTA 细化算法、Hilditch 细化算法、SPTA 细化算法、zhang 细化算法。优秀的细化算法一般有 5 点要求：①细化图像的连通性必须与原图像保持一致；②细化图像中的线条宽度应为 1 像素；③细化图像中的线条应尽可能是中心线；④细化后的图像应尽可能保持原图像的细节特征；⑤细化算法的速度尽可能快。

细化算法依据是否使用迭代运算可以分为两类：第一类是非迭代运算，一次即产生骨架；第二类是迭代运算，即重复删除图像边缘满足一定条件的像素，最终得到单像素宽骨架。迭代方法依据其检查像素的方法又可以分成串行算法和并行算法。

6.7.2 细化算法的 Python 和 OpenCV 实现

自适应阈值二值化函数根据图片一小块区域的值来计算对应区域的阈值，从而得到更为合适的图片。其语法格式为：

```
dst = cv2.adaptiveThreshold(src, maxval, thresh_type, type, Block Size, C)
```

参数说明：

- src：表示输入图。只能输入单通道图像，通常来说为灰度图。
- dst：表示输出图。
- maxval：表示当像素值超过了阈值(或者小于阈值，根据 type 来决定)，所赋予的值。
- thresh_type：表示阈值的计算方法。如表 6.2 所示，包含以下两种类型。

表 6.2 thresh_type 操作解释

thresh_type	解　释
cv2.ADAPTIVE_THRESH_MEAN_C	通过平均的方法取得平均值
cv2.ADAPTIVE_THRESH_GAUSSIAN_C	通过高斯取得高斯值

- type：表示二值化操作的类型，如表 6.3 所示。与固定阈值函数相同。

表 6.3 type 操作解释

类　　型	解　释
cv2.THRESH_BINARY	二进制阈值化，非黑即白
cv2.THRESH_BINARY_INV	反二进制阈值化，非白即黑
cv2.THRESH_TRUNC	截断阈值化，大于阈值设为阈值
cv2.THRESH_TOZERO	阈值化为 0，小于阈值设为 0
cv2.THRESH_TOZERO_INV	反阈值化为 0，大于阈值设为 0

- Block Size：图片中分块的大小。
- C：阈值计算方法中的常数项。

下面程序用 Python 语言基于 OpenCV 实现二值化的细化操作。

```
import cv2
# 细化函数,输入需要细化的图片(经过二值化处理的图片)和映射矩阵 array
# 这个函数将根据算法,运算出中心点的对应值
def Thin(image, array):
    h, w = image.shape
    iThin = image
    for i in range(h):
        for j in range(w):
```

```
            if image[i, j] == 0:
                a = [1] * 9
                for k in range(3):
                    for l in range(3):
```
＃如果 3 * 3 矩阵的点不在边界且这些值为零,也就是黑色的点
```
                        if -1 < (i - 1 + k) < h and -1 < (j - 1 + l) < w and iThin[i -
1 + k, j - 1 + l] == 0:
                            a[k * 3 + l] = 0
                        sum = a[0] * 1 + a[1] * 2 + a[2] * 4 + a[3] * 8 + a[5] * 16 + a[6] *
32 + a[7] * 64 + a[8] * 128
```
＃然后根据 array 表,对 iThin 的那一点进行赋值
```
                        iThin[i, j] = array[sum] * 255
    return iThin
```
＃最简单的二值化函数,阈值根据图片的昏暗程度自己设定,我选的 180
```
def Two(image):
    w, h = image.shape
    size = (w, h)
    iTwo = image
    for i in range(w):
        for j in range(h):
            if image[i, j] < 180:
                iTwo[i, j] = 0
            else:
                iTwo[i, j] = 255
    return iTwo
```
＃映射表
```
array = [0, 0, 1, 1, 0, 0, 1, 1, 1, 1, 0, 1, 1, 1, 0, 1, \
         1, 1, 0, 0, 1, 1, 1, 1, 0, 0, 0, 0, 0, 0, 0, 1, \
         0, 0, 1, 1, 0, 0, 1, 1, 1, 1, 0, 1, 1, 1, 0, 1, \
         1, 1, 0, 0, 1, 1, 1, 1, 0, 0, 0, 0, 0, 0, 0, 1, \
         1, 1, 0, 0, 1, 1, 0, 0, 0, 0, 0, 0, 0, 0, 0, 0, \
         0, 0, 0, 0, 0, 0, 0, 0, 0, 0, 0, 0, 0, 0, 0, 0, \
         1, 1, 0, 0, 1, 1, 0, 0, 1, 1, 0, 1, 1, 1, 0, 1, \
         0, 0, 0, 0, 0, 0, 0, 0, 0, 0, 0, 0, 0, 0, 0, 0, \
         0, 0, 1, 1, 0, 0, 1, 1, 1, 1, 0, 1, 1, 1, 0, 1, \
         1, 1, 0, 0, 1, 1, 1, 1, 0, 0, 0, 0, 0, 0, 0, 1, \
         0, 0, 1, 1, 0, 0, 1, 1, 1, 1, 0, 1, 1, 1, 0, 1, \
         1, 1, 0, 0, 1, 1, 1, 1, 0, 0, 0, 0, 0, 0, 0, 0, \
         1, 1, 0, 0, 1, 1, 0, 0, 0, 0, 0, 0, 0, 0, 0, 0, \
         1, 1, 0, 0, 1, 1, 1, 1, 0, 0, 0, 0, 0, 0, 0, 0, \
         1, 1, 0, 0, 1, 1, 0, 0, 1, 1, 0, 1, 1, 1, 0, 0, \
         1, 1, 0, 0, 1, 1, 1, 0, 1, 1, 0, 0, 1, 0, 0, 0]
```
＃读取灰度图片,并显示
```
img = cv2.imread('erosion.jpg', 0)
cv2.imshow('image', img)
cv2.waitKey(0)
```
＃自适应二值化函数,需要修改的是 55 那个位置的数字,越小越精细,细节越好,
噪点越多,最大不超过图片大小
```
th3 = cv2.adaptiveThreshold(img, 255, cv2.ADAPTIVE_THRESH_GAUSSIAN_C
```

```
, cv2.THRESH_BINARY, 55, 2)
cv2.imshow('iTwo', th3)
cv2.waitKey(0)
#获取自适应二值化的细化图,并显示
iThin = Thin(th3, array)
cv2.imshow('iThin', iThin)
cv2.waitKey(0)
#获取简单二值化的细化图,并显示
iTwo = Two(img)
iThin_2 = Thin(iTwo, array)
cv2.imshow('iTwo_2', iThin_2)
cv2.waitKey(0)
cv2.destroyAllWindows()
```

结果如图 6.17 所示,其中图 6.17(a)表示灰度图像,图 6.17(b)表示自适应阈值二值化函数操作后的图像,图 6.17(c)表示自适应二值化的细化图,图 6.17(d)表示简单二值化的细化图。

(a) 灰度图像

(b) 自适应阈值二值化函数操作后的图像

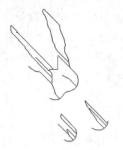

(c) 自适应二值化的细化图

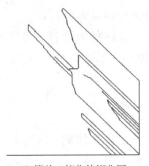

(d) 简单二值化的细化图

图 6.17 细化算法示例

## 第 7 章

图像的分割

本章学习目标

- 了解图像分割的基本知识
- 掌握图像分割的基本方法,并应用 Python 实现

本章主要介绍了图像分割的主要方法及其实现原理,并对这些方法进行了代码实现。这些主要方法包括:边缘检测、霍夫变换、阈值分割以及区域生长。

7.1 图像分割概述

图像分割的方法主要有以下几种:边缘检测、霍夫变换、阈值分割和区域分割。其中边缘检测和霍夫变换是基于图像灰度值的不连续性,阈值分割和区域分割是基于图像灰度值的相似性。不连续性是基于图像灰度的不连续变化分割图像,相似性是依据事先制定的准则将图像分割为相似的区域。

图像分割在科学研究和工程技术领域有着广泛的应用。在工业上,应用于矿藏分析、无接触时检测、产品的精度和纯度分析等;在通信领域中,应用于可视电话等活动图像的传输;在生物医学上,应用于计算机断层图像 CT、X 光透视、核磁共振、病毒细胞的自动检测和识别等。

7.2 边 缘 检 测

图像的边缘是图像最基本的特征之一,边缘点是指图像中像素的灰度有明显变化的那些像素点。边缘检测是图像处理和计算机视觉中的基本问题,其目的是标识出图像中的边缘点,从而大幅度地减少了数据量,并且剔除了被认为是不相关的信息,保留了图像重要的结构属性。

7.2.1 边缘检测算法

边缘通常可以通过计算像素点的一阶微分或二阶微分得到。基于一阶微分的边缘检测是把像素点的梯度幅值与设定阈值作比较来判断是否是边缘点,而基于二阶微分的边缘检测是以像素点的二阶微分是否过零点来判断是否是边缘点。

用于计算微分的滤波器模板,通常称之为梯度算子。应用不同的梯度算子,所得到的梯度是不同的。Canny 边缘检测算法是基于一阶微分的边缘检测,但由于其计算步骤略有不同,所以另起一类进行讲解。

1. 基于一阶微分的边缘检测算法

基于一阶微分的边缘检测梯度算子主要包括 Roberts 算子、Sobel 算子、Prewitt 算子等。

1）Roberts 算子

Roberts 算子模板如式(7-1)所示。

$$\begin{bmatrix} -1 & 0 \\ 0 & 1 \end{bmatrix} \begin{bmatrix} 0 & -1 \\ 1 & 0 \end{bmatrix} \tag{7-1}$$

其中,左侧代表横向移动的梯度算子,右侧代表纵向移动的梯度算子(下同)。

Roberts 算子差分形式如式(7-2)所示。

$$\begin{cases} \Delta_x f(x,y) = f(x,y) - f(x-1,y-1) \\ \Delta_y f(x,y) = f(x-1,y) - f(x,y-1) \end{cases} \tag{7-2}$$

2）Sobel 算子

Sobel 算子模板如式(7-3)所示。

$$\begin{bmatrix} -1 & 0 & 1 \\ -2 & 0 & 2 \\ -1 & 0 & 1 \end{bmatrix} \begin{bmatrix} -1 & -2 & -1 \\ 0 & 0 & 0 \\ 1 & 2 & 1 \end{bmatrix} \tag{7-3}$$

Sobel 算子差分形式如式(7-4)所示。

$$\begin{cases} \Delta_x f(x,y) = [f(x-1,y+1) + 2f(x,y+1) + f(x+1,y+1)] \\ \qquad - [f(x-1,y-1) + 2f(x,y-1) + f(x+1,y-1)] \\ \Delta_y f(x,y) = [f(x-1,y-1) + 2f(x-1,y) + f(x-1,y+1)] \\ \qquad - [f(x+1,y-1) + 2f(x+1,y) + f(x+1,y+1)] \end{cases} \tag{7-4}$$

3）Prewitt 算子

Prewitt 算子模板如式(7-5)所示。

$$\begin{bmatrix} -1 & -1 & -1 \\ 0 & 0 & 0 \\ 1 & 1 & 1 \end{bmatrix} \begin{bmatrix} 1 & 0 & -1 \\ -2 & 0 & 2 \\ -1 & 0 & 1 \end{bmatrix} \tag{7-5}$$

Prewitt 算子差分形式如式(7-6)所示。

$$\begin{cases} \Delta_x f(x,y) = [f(x+1,y+1) + f(x,y+1) + f(x-1,y+1)] \\ \qquad - [f(x+1,y-1) + f(x,y-1) + f(x-1,y-1)] \\ \Delta_y f(x,y) = [f(x-1,y-1) + f(x-1,y) + f(x-1,y+1)] \\ \qquad - [f(x+1,y-1) + f(x+1,y) + f(x+1,y+1)] \end{cases} \tag{7-6}$$

利用基于一阶微分的边缘检测算法对图像进行边缘检测的步骤如下所示(以 Sobel 算子为例)：

使用 3×3 的 Sobel 算子在图像上以横向和纵向两个方向滑动,并与其覆盖的图像中的 3×3 区域内的 9 个像素点进行卷积,如式(7-7)、式(7-8)所示。

$$G_x = \begin{bmatrix} -1 & 0 & 1 \\ -2 & 0 & 2 \\ -1 & 0 & 1 \end{bmatrix} * f(x,y) \tag{7-7}$$

$$G_y = \begin{bmatrix} -1 & -2 & -1 \\ 0 & 0 & 0 \\ 1 & 2 & 1 \end{bmatrix} * f(x,y) \tag{7-8}$$

其中，$f(x,y)$ 为输入图像，G_x、G_y 分别为水平和竖直方向算子与输入图像 $f(x,y)$ 卷积的结果。

计算图像的梯度幅值和梯度方向。

梯度幅值计算如式(7-9)所示。

$$G = \sqrt{G_x^2 + G_y^2} \tag{7-9}$$

梯度方向计算如式(7-10)所示。

$$\theta = \arctan \frac{G_y}{G_x} \tag{7-10}$$

如果梯度 G 大于某一阈值，则认为该点 (x,y) 为边缘点。

Roberts 算子利用局部差分算子寻找边缘，边缘定位精度较高，但容易丢失一部分边缘。

Sobel 算子和 Prewitt 算子都对噪声具有一定的抑制能力，但不能完全排除检测结果中出现的虚假边缘。虽然这两个算子边缘定位效果不错，但检测出的边缘容易出现多像素宽度。

2. 基于二阶微分的边缘检测算法

高斯-拉普拉斯算子是美国学者 Marr 提出的一种算子，即在运用拉普拉斯算子之前先进行高斯低通滤波，从而尽可能弥补拉普拉斯算子对噪声具有无法接受的敏感性和边缘方向的不可检测性的缺点。高斯-拉普拉斯算子的计算步骤如下所示：

首先对图像进行高斯低通滤波，如式(7-11)所示。

$$\nabla^2 \left[G(x,y) * f(x,y) \right] \tag{7-11}$$

其中，$f(x,y)$ 为输入图像，$G(x,y)$ 为高斯函数，$G(x,y)$ 式如式(7-12)所示。

$$G(x,y) = \frac{1}{2\pi\sigma^2} \exp\left(-\frac{x^2+y^2}{2\sigma^2} \right) \tag{7-12}$$

其中，σ 是标准差。当图像进行高斯低通滤波时，σ 决定了图像的降噪程度。

由于在线性系统中卷积与微分的次序可以交换，由式(7-13)可得：

$$\nabla^2 \left[G(x,y) * f(x,y) \right] = \nabla^2 G(x,y) * f(x,y) \tag{7-13}$$

式(7-13)说明了可以先对高斯函数进行微分运算，然后再与图像 $f(x,y)$ 卷积，其效果等价于在运用拉普拉斯算子之前首先进行高斯低通滤波。

式(7-12)的二阶偏导如式(7-14)、式(7-15)所示。

$$\frac{\partial^2 G(x_3 y)}{\partial x^2} = \frac{1}{2\pi\sigma^4} \left[\frac{x^2}{\sigma^2} - 1 \right] \exp\left(-\frac{x^2+y^2}{2\sigma^2} \right) \tag{7-14}$$

$$\frac{\partial^2 G(x_3 y)}{\partial y^2} = \frac{1}{2\pi\sigma^4} \left[\frac{y^2}{\sigma^2} - 1 \right] \exp\left(-\frac{x^2+y^2}{2\sigma^2} \right) \tag{7-15}$$

由式(7-14)和式(7-15)相加，可得高斯-拉普拉斯算子，如式(7-16)所示。

$$\nabla^2 G(x,y) = -\frac{1}{\pi\sigma^4} \left[1 - \frac{x^2+y^2}{2\sigma^2} \right] \exp\left(-\frac{x^2+y^2}{2\sigma^2} \right) \tag{7-16}$$

应用高斯-拉普拉斯算子时，高斯函数中标准差参数的选择很关键，它对图像边缘检测效果有很大的影响，不同图像应选择不同参数。

高斯-拉普拉斯算子克服了拉普拉斯算子抗噪声能力比较差的缺点,但是在抑制噪声的同时可能会将原有的比较尖锐的边缘平滑掉,造成这些尖锐边缘无法被检测到。

常用的高斯-拉普拉斯算子是 5×5 的模板,如式(7-17)所示。

$$\begin{bmatrix} 0 & 0 & -1 & 0 & 0 \\ 0 & -1 & -2 & -1 & 0 \\ -1 & -2 & 16 & -2 & -1 \\ 0 & -1 & -2 & -1 & 0 \\ 0 & 0 & -1 & 0 & 0 \end{bmatrix} \tag{7-17}$$

应用式(7-17)所示模板与原始图像进行卷积,检测卷积结果中的过零点,对这些过零点做筛选处理,即可得到边缘点。

3. Canny 边缘检测算法

Canny 边缘检测于 1986 年由 John Canny 首次提出,就此拉开了 Canny 边缘检测算法的序幕。

在对图像进行边缘检测时,抑制噪声和边缘精确定位往往无法同时满足。一些边缘检测算法在通过平滑滤波去除噪声的同时,增加了边缘定位的不确定性;提高边缘检测算子对边缘敏感性的同时,也提高了对噪声的敏感性。Canny 算子力图在抗噪声干扰和精确定位之间寻求最佳折衷方案。

Canny 边缘检测的计算步骤为:

(1) 用高斯滤波器平滑图像。

在实际的图片中,都会包含噪声。但有时候,图片中的噪声会导致图片中边缘信息的消失。对此的解决方案就是使用高斯平滑来减少噪声,即进行高斯模糊操作。该操作是一种滤波操作,与高斯分布有关,二维的高斯函数如式(7-18)所示。

$$H(x,y) = \exp\left(-\frac{x^2 + y^2}{2\sigma^2}\right) \tag{7-18}$$

其中,(x,y) 为输入图像的坐标,σ 为高斯函数所应用的标准差。当用高斯函数卷积一幅图像时,σ 决定了图像的降噪程度。

在进行高斯滤波之前,需要先得到一个高斯滤波器。如何得到一个高斯滤波器?其实就是将高斯函数离散化,将滤波器中对应的横纵坐标索引代入高斯函数,即可得到对应的值。不同尺寸的滤波器,得到的值也不同,$(2k+1) \times (2k+1)$ 滤波器的计算公式如式(7-19)所示。

$$H[i,j] = \frac{1}{2\pi\sigma^2} \mathrm{e}^{-\frac{(i-k-1)^2 + (j-k-1)^2}{2\sigma^2}} \tag{7-19}$$

(2) 用一阶微分算子计算梯度的幅值和方向。

一阶微分算子模板如式(7-20)、式(7-21)所示。

$$\boldsymbol{H}_1 = \begin{bmatrix} -1 & -1 \\ 1 & 1 \end{bmatrix} \tag{7-20}$$

$$\boldsymbol{H}_2 = \begin{bmatrix} 1 & -1 \\ 1 & -1 \end{bmatrix} \tag{7-21}$$

一阶微分算子与降噪后的图像进行卷积,如式(7-22)、式(7-23)所示。

$$G_x = f(x,y) * H_1(x,y) \tag{7-22}$$

$$G_y = f(x,y) * H_2(x,y) \tag{7-23}$$

其中,G_x、G_y 分别为水平和竖直方向高斯函数与输入图像卷积的结果。

梯度幅值和梯度方向的计算如式(7-24)、(7-25)所示。

$$G = \sqrt{G_x^2 + G_y^2} \tag{7-24}$$

$$\theta = \arctan\frac{G_y}{G_x} \tag{7-25}$$

(3) 对梯度幅值进行非极大值抑制。

在获得梯度幅度和方向之后,完成图像的全扫描以去除可能不构成边缘的任何不需要的像素点。为此,在每个像素点处,检查像素点是否是其在梯度方向上的邻域中的局部最大值。

(4) 用双阈值算法检测和连接边缘。

在边缘检测时,使用两个阈值 T_1 和 T_2($T_1 < T_2$),从而可以得到两个边缘图像 $N_1[i,j]$ 和 $N_2[i,j]$。双阈值法要在 $N_2[i,j]$ 中把边缘连接成轮廓,当到达轮廓的端点时,该算法就在 $N_1[i,j]$ 中该端点的 8 邻域位置寻找可以连接到轮廓的边缘,这样,算法不断在 $N_1[i,j]$ 中收集边缘,直到将 $N_2[i,j]$ 连接起来为止。

7.2.2 Canny 边缘检测的 Python＋OpenCV 实现

OpenCV 提供 cv2.Canny()函数进行 Canny 边缘检测,该函数的调用语法为:

```
BW = cv2.Canny( image, threshold1, threshold2 )
```

参数说明:
- BW:表示输出 Canny 边缘检测图像。
- image:表示原始图像。
- threshold1:表示双阈值算法中的最小阈值。
- threshold2:表示双阈值算法中的最大阈值。

Canny 边缘检测的实现代码如下:

```
import cv2

src = cv2.imread(r'C:\Users\lenovo\Desktop\panda.jpg')      # 读入原始图像
edge_output = cv2.Canny(src , 50, 150)                       # Canny 边缘检测
cv2.imshow("Edge Image", edge_output)                       # 输出 Canny 边缘检测图像
cv2.imshow("Original Image",src)                            # 输出原始图像
cv2.waitKey(0)
```

上述程序的运行结果如图 7.1 所示。

(a) 原图像   (b) Canny边缘检测

图 7.1   Canny 边缘检测运行结果

7.3   霍 夫 变 换

霍夫变换是一种常用的图像分割算法,被广泛应用在图像分析、计算机视觉以及数位影像处理中。其目的是用来找出物件中的特征,例如线条。霍夫变换能较好地克服目标被部分遮挡的情况。本节主要介绍了利用霍夫变换对直线和曲线进行检测。

7.3.1   直线检测

在图像 x-y 坐标空间中,经过点 (x_i, y_i) 的直线可表示为式(7-26)。

$$y_i = ax_i + b \tag{7-26}$$

通过点 (x_i, y_i) 的直线有无数条,且对应于不同的 a 和 b 的值。它们都满足式(7-26)。

如果将 x_i 和 y_i 视为常数,而将原本的参数 a 和 b 看作变量,则式(7-26)可以表示为:

$$b = -ax_i + y_i \tag{7-27}$$

这样就变换到了 a-b 参数坐标空间。这个变换就是直角坐标中对于点 (x_i, y_i) 的霍夫变换。x-y 坐标空间中的点 (x_i, y_i) 如图 7.2 所示,其在 a-b 参数坐标空间里,表示为一条直线 $b = -ax_i + y_i$,如图 7.3 所示。

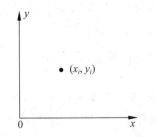
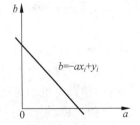

图 7.2 x-y 坐标空间中的点 (x_i, y_i) 图 7.3 x-y 坐标空间中点 (x_i, y_i) 的
霍夫变换结果

在图 7.3 中,$b = -ax_i + y_i$ 是 x-y 坐标空间中的点 (x_i, y_i) 在 a-b 参数空间中所对应的唯一方程。考虑 x-y 坐标空间中的另一点 (x_j, y_j),它在 a-b 参数空间中也有相应的一条直线:

$$b = -ax_j + y_j \tag{7-28}$$

这条直线与点(x_i, y_i)在由参数 a-b 表示的坐标空间中所对应的直线相交于同一点 (a_0, b_0)。

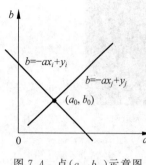

图 7.4 点(a_0, b_0)示意图

由上述推导可得，x-y 坐标空间中过点 (x_i, y_i) 和 (x_j, y_j) 的直线上的每一点在参数空间 a-b 上各自对应一条直线，这些直线都相交于点(a_0, b_0)，而 a_0、b_0 就是 x-y 坐标空间中点(x_i, y_i) 和点(x_j, y_j) 所确定的直线的参数。反之，在 a-b 参数空间中，相交于同一点的所有直线，在 x-y 坐标空间中都有共线的点与之对应。x-y 坐标空间中过点(x_i, y_i) 和(x_j, y_j) 的直线在参数空间 a-b 中所确定的点(a_0, b_0)如图 7.4 所示。

根据这个特性，给定图像坐标空间中的一些边缘点，就可以通过霍夫变换确定连接这些点的直线方程。

具体计算时，建立一个二维累加数组 $A(a, b)$，其中 a 表示直线斜率，b 表示直线截距。开始时，将 $A(a, b)$初始化为 0，然后利用图像坐标空间中每一个可能被看作边缘点的点，计算出这些边缘点在参数空间 $a-b$ 中所对应的直线。每两条直线确定一组(a, b)，每计算出一组(a, b)，都将对应的数组元素 $A(a, b)$加 1，即 $A(a, b) = A(a, b) + 1$。所有的计算结束之后，在参数计算表决结果中找到 $A(a, b)$的最大峰值所对应的 a_0、b_0，就是原图像中共线点数目最多的直线方程的参数。接下来可以继续寻找次峰值和第 3 峰值和第 4 峰值等，它们对应于原图中共线点略少一些的直线。

7.3.2 曲线检测

霍夫变换同样适用于方程已知的曲线检测。x-y 坐标空间中的一条已知的曲线方程也可以建立其相应的参数空间。由此，x-y 坐标空间中的一点，在参数空间中就可以映射为相应的轨迹曲线或者曲面。若 x-y 坐标空间中的点对应参数空间的曲线或者曲面能够相交，就能找到参数空间交点累加器的极大值以及对应的参数；若 x-y 坐标空间中的点对应的曲线或者曲面不能相交，则说明间断点不符合某已知曲线。

以圆方程为例，其 x-y 坐标空间的一般方程为：

$$(x-a)^2 + (y-b)^2 = r^2 \tag{7-29}$$

其中，(a, b)为圆心坐标，r 为圆的半径，它们为图像的参数。那么，由霍夫直线变换同理可得，x-y 坐标空间中的一个圆对应参数空间中的一个点。

具体计算时，与前面讨论的方法相同，只是数组累加器为三维 $A(a, b, r)$。计算过程是利用霍夫直线变换的过程，每得到一对(a, b)，利用这对(a, b)解出满足上式的 γ 值，形成一组(a, b, r)。每计算出一组(a, b, r)，就对相应的数组元素 $A(a, b, r)$加 1。计算结束后，找到的最大的 $A(a, b, r)$所对应的 a, b, r 就是所求的圆的参数。

7.3.3 霍夫变换的 Python＋OpenCV 实现

1. 直线检测

OpenCV 提供了 cv2. HoughLines()函数进行直线检测，其语法格式为：

lines = cv2.HoughLines(image,rho,theta,threshold)

参数说明：

- lines：表示输出霍夫直线检测结果。
- image：表示原始图像。
- rho：表示检测直线时的精度,检测器每检测一次所走的步长的半径。
- theta：表示检测直线时的精度,检测器每检测一次所走的步长的角度。
- threshold：表示阈值。累加器的值大于该参数值,才被认定为直线。

霍夫变换直线检测的完整实现代码如下：

```
import cv2
import numpy as np

bw = cv2.imread(r'C:\Users\lenovo\Desktop\111.jpg')       ＃读入原图像
src = cv2.imread(r'C:\Users\lenovo\Desktop\111.jpg')      ＃读入原图像
house = cv2.cvtColor(src,cv2.COLOR_BGR2GRAY)              ＃将原图像转化为灰度图像
edges = cv2.Canny(house,50,200)                          ＃Canny 边缘检测
lines = cv2.HoughLines(edges,1,np.pi/200,100)            ＃霍夫直线检测
print(np.shape(lines))
lines = lines[:, 0, :]
for rho,theta in lines:
    a = np.cos(theta)
    b = np.sin(theta)
    x0 = a * rho
    y0 = b * rho
    x1 = int(x0 + 1000 * (-b))
    y1 = int(y0 + 1000 * a)
    x2 = int(x0 - 1000 * (-b))
    y2 = int(y0 - 1000 * a)
    cv2.line(src, (x1, y1), (x2, y2), (0, 0, 255), 1)    ＃将霍夫直线检测结果画在原图像上
cv2.imshow('Edge Image',src)                             ＃输出霍夫直线检测结果图像
cv2.imshow('Original Image',bw)                          ＃输出原图像
cv2.waitKey(0)
cv2.destroyAllWindows()
```

上述程序运行结果如图 7.5 所示。

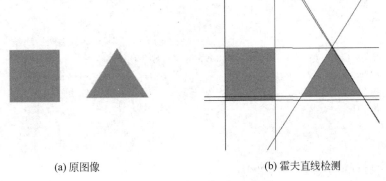

(a) 原图像　　　　　　　　　　　(b) 霍夫直线检测

图 7.5　霍夫直线检测运行结果

2. 圆检测

OpenCV 提供了 cv2.HoughCircles()函数进行圆检测,其语法格式为:

bw = cv2.HoughCircles(image,method,dp,minDist,param1,param2,minRadius,maxRadius)

参数说明:

- bw:表示输出霍夫圆检测结果。
- image:表示原始图像。
- method:表示圆检测方法,一般使用基于梯度的霍夫变换圆检测(HOUGH_ GRADIENT)。
- dp:表示原始图像与累加器的分辨率之比。该参数允许创建一个比输入图像分辨率低的累加器。例如,当 dp=1 时,累加器和输入图像具有相同的分辨率。当 dp=2 时,累加器的分辨率为输入图像的一半。
- minDist:表示检测到的两个圆心间的最小距离。如果检测到的两个圆心之间的距离小于该参数,则认为它们是同一个圆心。
- param1:表示 method 中第一个特定参数。
- param2:表示 method 中第二个特定参数。
- minRadius:表示检测到的圆的最小半径。
- maxRadius:表示检测到的圆的最大半径。

霍夫变换圆检测的完整实现代码如下:

```python
import cv2
import numpy as np

bw = cv2.imread(r'C:\Users\lenovo\Desktop\circle.jpg')        #读入原图像
img = cv2.imread(r'C:\Users\lenovo\Desktop\circle.jpg')       #读入原图像
gray = cv2.cvtColor(img,cv2.COLOR_BGR2GRAY)                   #将原图像转化为灰度图像
edges = cv2.GaussianBlur(gray, (3, 3), 0)                     #对灰度图像做高斯滤波
circles1 = cv2.HoughCircles(edges, cv2.HOUGH_GRADIENT, 1, 80, param1 = 100,
param2 = 30, minRadius = 15, maxRadius = 80)                  #霍夫圆检测
print(np.shape(circles1))
circles = circles1[0, :, :]
circles = np.uint16(np.around(circles))
    for i in circles[:]:
    cv2.circle(img, (i[0], i[1]), i[2], (0, 255, 0), 3)      #将霍夫圆检测结果画在原图像上
    cv2.circle(img, (i[0], i[1]), 2, (255, 0, 255), 10)
cv2.imshow('Edge Image', img)                                #输出霍夫圆检测结果图像
cv2.imshow('Original Image',bw)                              #输出原图像
cv2.waitKey(0)
cv2.destroyAllWindows()
```

上述程序运行结果如图 7.6 所示。

(a) 原始图像　　　　　　　　　　(b) 霍夫变换圆检测

图 7.6　霍夫圆检测运行结果

7.4　阈 值 分 割

阈值分割是一种传统的最常用的图像分割方法。因其实现简单、计算量小、性能较稳定而成为图像分割中最基本和应用最广泛的分割技术。图像阈值分割的目的是按照灰度级，对像素集合进行一个划分，得到的每个子集形成一个与现实景物相对应的区域，各个区域内部具有一致的属性，而相邻区域不具有这种一致属性。这样的划分可以通过从灰度级出发选取一个或多个阈值来实现。

7.4.1　简单的阈值分割

如果图像的一个像素点的值高于所设定的阈值时，那么这个像素点将被赋一个新值，否则就被赋另一个新值。具体赋值大小由函数决定。

OpenCV 提供了 cv2.threshold() 函数进行简单阈值分割，其语法格式为：

bw = cv2.threshold(src, thresh, maxval, type)

参数说明：

- bw：输出简单阈值分割结果。
- src：原图像。
- thresh：进行分类的阈值。
- maxval：高于(低于)阈值赋予的新值。
- type：阈值类型。

阈值类型如表 7.1 所示。

表 7.1　阈值类型

阈 值 类 型	解 释 说 明
cv2.THRESH_BINARY	二进制阈值化，非黑即白
cv2.THRESH_BINARY_INV	反二进制阈值化，非白即黑
cv2.THRESH_TRUNC	得到的图像为多像素值
cv2.THRESH_TOZERO	当像素高于阈值时像素设置为自己提供的像素值，低于阈值时不做处理
cv2.THRESH_TOZERO_INV	当像素低于阈值时像素设置为自己提供的像素值，高于阈值时不做处理

简单阈值分割完整实现代码如下(仅以 type 设置为 cv2. THRESH_BINARY 为例):

```
import cv2

src = cv2.imread(r'C:\Users\lenovo\Desktop\colour.jpg')          # 读入原图像
# 读入原图像,将原图像转化为灰度图像
img = cv2.imread(r'C:\Users\lenovo\Desktop\colour.jpg',0)
ret,edges = cv2.threshold(img,125,255,cv2.THRESH_BINARY)         # 简单阈值分割
cv2.imshow('Original Image',img)                                 # 输出原图像
cv2.imshow('Edge Image',edges)                                   # 输出简单阈值分割结果图
cv2.waitKey(0)
```

上述程序的运行结果如图 7.7 所示。

(a) 原始图像   (b) 简单阈值分割效果图

图 7.7　简单阈值分割结果

7.4.2　自适应阈值分割

在简单阈值中我们所设定的阈值为全局变量,但是这种方式并不适合所有情况,特别是当图像在不同区域的亮度不同时,我们要使用自适应阈值分割。

自适应阈值分割不像简单阈值分割,对输入图像只设定一个阈值,而是对输入图像内每一个小区域都设定了相对应的阈值。

OpenCV 中提供了 cv2. adaptiveThreshold()函数进行自适应阈值分割,其语法格式为:

bw = cv2. adaptiveThreshold(src,maxval,thresh_type,type,Block Size,c)

参数说明:

- bw:输出自适应阈值分割结果。
- src:表示原始图像。
- maxval:表示输入图像像素点的灰度值高于(低于)阈值时赋予的新值。
- thresh_type:表示小区域阈值的计算方法。
- type:表示阈值类型(与简单阈值分割中的类型相同)。
- Block Size:表示小区域的面积。若该参数为 11,则面积为 11×11 的小块。

- c：表示阈值计算方法中的常数项。最终阈值等于小区域计算出的阈值再减去 c 参数中设定的常数。

小区域阈值的计算方法如表 7.2 所示。

表 7.2　小区域阈值的计算方法

计 算 方 法	方 法 含 义
cv2.ADAPTIVE_THRESH_MEAN_C	小区域内取均值
cv2.ADAPTIVE_THRESH_GAUSSIAN_C	小区域内加权求和（权重是高斯核）

自适应阈值分割完整实现代码如下（仅以 thresh_type 设置为 cv2.ADAPTIVE_THRESH_MEAN_C，type 设置为 cv2.THRESH_BINARY 为例）：

```
import cv2
import numpy as np

src = cv2.imread(r'C:\Users\lenovo\Desktop\car.jpg')          # 读入原图像
img = cv2.imread(r'C:\Users\lenovo\Desktop\car.jpg',0)        # 读入原图像
edges = cv2.adaptiveThreshold(img,255,cv2.ADAPTIVE_THRESH_MEAN_C,
cv2.THRESH_BINARY,11,2)                                        # 自适应阈值分割
cv2.imshow('Original Image',src)                              # 输出原图像
cv2.imshow('Edge Image',edges)                               # 输出自适应阈值分割结果图
cv2.waitKey(0)
```

上述程序运行结果如图 7.8 所示。

(a) 原始图像

(b) 自适应阈值分割

图 7.8　自适应阈值分割运行结果

7.5　区 域 生 长

区域生长是根据事先定义的准则，将像素或者子区域聚合成更大区域的过程。其基本思想是从一组生长点开始（生长点可以是单个像素，也可以是某个小区域），将与该生长点性质相似的相邻像素点与生长点合并，形成新的生长点，重复此过程直到不能生长为止。生长点和相邻像素点的相似性判断准则依据的是灰度值、纹理和颜色等信息。

下面举一个例子解释区域生长，如图 7.9 所示。

图 7.9(a) 为原图像，数字表示像素的灰度。以灰度值为 8 的像素点作为初始的生长点，设生长准则为：生长点邻域的 8 个待测点中，待测点的灰度值与生长点灰度值相差 1 或

$$
\begin{bmatrix}
4 & 3 & 7 & 3 & 3 \\
1 & 7 & (8) & 7 & 5 \\
0 & 5 & 6 & 1 & 3 \\
2 & 2 & 6 & 0 & 4 \\
1 & 2 & 1 & 3 & 1
\end{bmatrix}
\qquad
\begin{bmatrix}
4 & 3 & (7) & 3 & 3 \\
1 & (7) & (8) & (7) & 5 \\
0 & 5 & 6 & 1 & 3 \\
2 & 2 & 6 & 0 & 4 \\
1 & 2 & 1 & 3 & 1
\end{bmatrix}
$$

(a) 原图像灰度矩阵生长点　　　　　　(b) 第一次区域生长结果

$$
\begin{bmatrix}
4 & 3 & (7) & 3 & 3 \\
1 & (7) & (8) & (7) & 5 \\
0 & 5 & (6) & 1 & 3 \\
2 & 2 & 6 & 0 & 4 \\
1 & 2 & 1 & 3 & 1
\end{bmatrix}
\qquad
\begin{bmatrix}
4 & 3 & (7) & 3 & 3 \\
1 & (7) & (8) & (7) & 5 \\
0 & (5) & (6) & 1 & 3 \\
2 & 2 & 6 & 0 & 4 \\
1 & 2 & 1 & 3 & 1
\end{bmatrix}
$$

(c) 第二次区域生长结果　　　　　　(d) 第三次区域生长结果

图 7.9　区域生长示意图

0 时,待测点变为新的生长点。第一次区域生长的结果如图 7.9(b)所示,此时三个灰度值为 7 的像素点满足生长准则,变为新的生长点,以这三个像素点为新生长点遵循生长准则,寻找下一批新生长点,所得结果如图 7.9(c)所示,直至第三次区域生长结束后,再无满足生长准则的像素点,生长停止。

　　Python 实现区域生长代码如下所示:

```
import numpy as np
import math
import cv2

def getGrayDiff(image,currentPoint,tmpPoint):      #定义求两个像素点差值的函数
    return abs(int(image[currentPoint[0],currentPoint[1]]) -
        int(image[tmpPoint[0],tmpPoint[1]]))
def regional_growth(gray, seeds, threshold = 15):   #定义区域生长算法函数
    connects = [(-1, -1), (0, -1), (1, -1), (1, 0), (1, 1), \
    (0, 1), (-1, 1), (-1, 0)]                        #生长点邻域的 8 个待测点
    threshold = threshold                            #生长准则中灰度值的差值
    height, weight = gray.shape                      #读取灰度图像的长宽
    seedMark = np.zeros(gray.shape)                  #创造一个与图像等长宽的矩阵
    seedList = []
    for seed in seeds:
      seedList.append(seed)                          #将生长点加到生长点的列表中
    label = 1                                        #标记生长点的 flag
    while(len(seedList)> 0):                          #当列表中存在生长点
      currentPoint = seedList.pop(0)                  #将生长点移出
      seedMark[currentPoint[0],currentPoint[1]] = label  #将对应位置的点标志为 1
      for i in range(8):                              #对这个生长点周围的 8 个点进行相似性判断
          tmpX = currentPoint[0] + connects[i][0]
          tmpY = currentPoint[1] + connects[i][1]
          #如果超出矩阵范围
          if tmpX < 0 or tmpY < 0 or tmpX >= height or tmpY >= weight:
              continue                                #跳过
          #计算此点与生长点的像素差
```

```
            grayDiff = getGrayDiff(gray,currentPoint,(tmpX,tmpY))
            #如果差值小于阈阈值,且该位置没有被标记
            if grayDiff < threshold and seedMark[tmpX,tmpY] == 0:
                seedMark[tmpX,tmpY] = label              #将对应位置的点标记
                seedList.append((tmpX,tmpY))             #加入到生长点列表
    return seedMark
image = cv2.imread(r'C:\Users\lenovo\Desktop\car.jpg')   #读入原图像
src = cv2.imread(r'C:\Users\lenovo\Desktop\car.jpg')     #读入原图像
gray = cv2.cvtColor(image,cv2.COLOR_BGR2GRAY)            #将读入图像转化为灰度图像
height,width = gray.shape[0],gray.shape[1]
seed_points = [(10,150),(100,150),(75,250),(129,210),(263,243)]#输入选取的生长点坐标
seed_grow_image = regional_growth(gray,seed_points,30)   #区域生长
cv2.imshow('Original Image',src)                         #输出原图像
cv2.imshow('Edge Image',seed_grow_image)                 #输出区域生长结果图
cv2.waitKey(0)
```

上述程序的运行结果如图 7.10 所示。

(a)原图像

(b)区域生长结果图

图 7.10　区域生长代码效果图

第8章

彩色图像处理

本章学习目标

- 了解数字域彩色处理方面的基本概念和常识
- 熟练掌握 RGB、HSI 和 HSV 三种彩色模型的基本概念
- 熟练掌握 Python 和 OpenCV 对彩色图像处理的代码操作
- 熟练掌握 RGB 模型与 HSI 模型、HSV 模型之间相互转换的 Python 和 OpenCV 代码操作

本章讲解了彩色空间和彩色图像的基本概念,并通过 Python 和 OpenCV 实现了 RGB、HSI 和 HSV 三种彩色空间模型之间的相互转换。

8.1 彩 色 简 介

在 17 世纪 60 年代,人们还普遍认为白光是一种纯的,没有掺杂其他颜色的光,而彩色是一种不知道为什么会发生变化的光。实际上,当一束白光通过一个玻璃棱镜时,出现的光束不是白光,而是分解成红、橙、黄、绿、青、蓝、紫七种不同的颜色,这七种基础色称之为光谱,如图 8.1 所示。

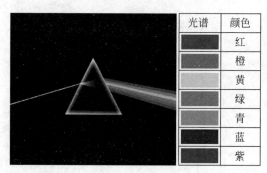

光谱	颜色
	红
	橙
	黄
	绿
	青
	蓝
	紫

图 8.1　光谱图

正是由于红、橙、黄、绿、青、蓝、紫这七种基础色有不同的色谱,才形成了表面单一的白色光。色彩是外来的光刺激作用于人的视觉器官而产生的主观感觉,它具有色调、饱和度和亮度三个要素。物体的颜色不仅取决于物体本身,还与光源、周围环境的颜色,以及观察者的视觉系统有关。

具有不同光谱分布的光产生的颜色在视觉上可能是一样的。我们称两种光的光谱分布不同而颜色相同的现象为"异谱同色"。

8.1.1 彩色属性

彩色是物体的一种属性,就像纹理、形状、重量一样。通常,它依赖于 3 方面的因素:

- 光源——照射的光谱性质或光谱能量分布。
- 物体——被照射物体的反射性质。
- 成像接收器(眼睛或成像传感器)——光谱能量吸收性质。

彩色,可分为无彩色和有彩色两大类。前者如黑、白、灰,后者如红、黄、蓝等七彩。有彩色就是具备光谱上的某种或某些色相,统称为彩调。与此相对的无彩色也就没有彩调,但是无彩色有明有暗,表现为白、黑。

对于彩色光,我们通常用 3 个基本量来描述其光源的质量:辐射率、光强和亮度。

- 辐射率是从光源流出能量的总量,通常用瓦特(W)度量。
- 光强用流明度量,它给出了观察者从光源接收的能量总和的度量。
- 亮度是彩色强度概念的具体化。它实际上是一个难以度量的主观描绘子。

同样作为能量的度量,辐射率与光强却往往没有必然的联系。例如,在进行 X 光检查时,光从 X 射线源中发出,它是具有实际意义上的能量的。但由于其处于可见光范围以外,观察者很难感觉到。因此,对我们来说,它的光强几乎为 0。

8.1.2 色彩的三要素

任何彩色都具有三个基本要素:色调、饱和度和亮度,在色彩学上,又称为色彩的三属性或三特征。色调又称为色相,是当人眼看到一种或多种波长的光时所产生的彩色感觉,它反映颜色的种类。饱和度是指颜色的纯度,可用来区别颜色的深浅程度。混入的白光越少,饱和度越高,颜色越鲜明。亮度是指色彩的明暗程度,也称深浅度,是表现色彩层次感的基础。在无彩色系中,白色亮度最高,黑色亮度最低,在黑白之间存在一系列灰色。任何一种颜色掺入白色时,亮度提高,当它掺入黑色时,亮度降低。此外,亮度还是视觉系统对可见物体辐射或者发光多少的感知属性。通常把色调和饱和度称为色度。亮度表示颜色的明亮程度,而色度则表示颜色的类别与深浅程度。

8.1.3 三原色

色光三原色是指红(red)、绿(green)、蓝(blue)三色,如图 8.2 所示。三原色的波长分别是 700nm、546.1nm、435.8nm。色光三原色按照不同的比例混合可以呈现不同的颜色。根据托马斯・杨和赫尔姆豪兹的研究结果,这三种原色确定为红、绿、蓝(相当于颜料中的大红、中绿、群青的色彩感觉)。彩色电视屏幕就是由红、绿、蓝三种发光的颜色小点组成的。由这三原色按照不同比例和强弱混合,可以产生自然界的各种色彩变化。

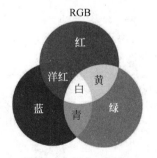

图 8.2 色光三原色

8.1.4 计算机中颜色的表示

在计算机中,显示器的任何颜色(色彩全域)都可以由红、绿、蓝 3 种颜色组成,称为三基色。每种基色的取值范围是 0～255。任何一种颜色都可以用这 3 种颜色按照不同的比例

混合而成,这就是三原色原理。具体地说,三原色原理包括以下几点:

- 自然界中的绝大部分彩色,都可以由三种基色按照一定比例混合得到。反之,任意一种彩色均可被分解为三种基色。
- 作为基色的三种原色,要相互独立。即其中任何一种基色都不能由另外两种基色混合产生。
- 由三基色混合而得到的彩色光的亮度等于参与混合的各基色的亮度之和。
- 三基色的比例决定混合色的色调和色饱和度。

本节用 R、G、B 分别表示红、绿、蓝三色值。此时,每一种颜色由三色值系数定义的公式,如式(8-1)所示。三色值系数之间是关系式,如式(8-2)所示。

$$r = \frac{R}{R+G+B} \quad g = \frac{G}{R+G+B}$$

$$b = \frac{B}{R+G+B} \tag{8-1}$$

$$r+g+b=1 \tag{8-2}$$

8.2 彩 色 模 型

彩色模型也称彩色空间或彩色系统,是用来精确标定和生成各种颜色的一套规则和定义。

彩色模型通常可以采用坐标系统来描述,而位于系统中的每一种颜色都可以由坐标系统中的一个点来表示。

如今使用的大部分彩色模型都是面向应用或是面向硬件的,例如我们所熟悉的面向彩色显示器的 RGB(红、绿、蓝)模型,以及面向彩色打印机的 CMY(青、深红、黄)和 CMYK(青、深红、黄、黑)模型。而 HSI(色调、饱和度、亮度)模型是从人的视觉系统出发,十分符合人眼的描述和解释颜色的一种模型。本章将具体介绍 RGB、HSI 和 HSV 三种模型,以及 RGB 模型与 HSI 模型、HSV 模型之间的相互转换。

8.2.1 RGB 模型

1. 理论基础

RGB(Red,Green,Blue)模型是目前常用的一种彩色信息表达模型,它使用红、绿、蓝三原色的亮度来定量表示颜色。该模型也称为加色混合模型,是以 RGB 三色光互相叠加的方式来实现色彩的混合,因而适合于显示器等发光体的颜色显示。

RGB 彩色空间对应的三维直角坐标系是一个单位立方体,如图 8.3 所示。红、绿、蓝分别位于(1,0,0)、(0,1,0)、(0,0,1)3 个顶点上;青、品红和黄分别位于(0,1,1)、(1,0,1)和(1,1,0)3 个顶点上;黑色在原点(0,0,0)处,白色位于距

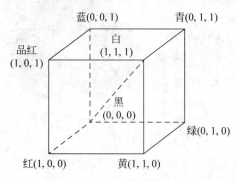

图 8.3 RGB 彩色立方体示意图

离原点最远的顶点(1,1,1)处,灰度等级就沿这两点连线分布;不同的颜色位于该三维立方体的外部和内部。因此,任何一种颜色在 RGB 彩色空间中都可以用三维空间中的一个点来表示。

2. Python 和 OpenCV 实现

使用 OpenCV 提供的函数 cv2. split()分离彩色图像的 R、G、B 分量。cv2. split()函数的调用语法为:

```
(B,G,R) = cv2.split(img)
```

参数说明:

- B:表示分离出的蓝色分量。
- G:表示分离出的绿色分量。
- R:表示分离出的红色分量。
- img:为输入图像。

注意:OpenCV 中图像分离的第一个通道是 B,第二个通道是 G,第三个通道是 R。

分离彩色图像的 R、G、B 分量,相应的代码如下:

```
import cv2

img = cv2.imread('D:\ lena.jpg ',1)      ♯读取原始图像
(B,G,R) = cv2.split(img)                  ♯分离出图像的蓝、绿、红颜色通道
cv2.imshow("Original",img)                ♯输出原始图像
cv2.imshow("Blue",B)                      ♯输出蓝色分量图像
cv2.imshow("Green",G)                     ♯输出绿色分量图像
cv2.imshow("Red",R)                       ♯输出红色分量图像
cv2.waitKey(0)
```

上述程序的运行结果如图 8.4 所示。我们读入原始图像 8.4(a),经过函数 cv2. split()分别提取出此图像的蓝、绿、红分量,获得图 8.4(b)、(c)、(d)。通过观察我们可以看到,提取的三个分量图颜色都是灰色的。这是因为 cv2. split()函数分离出的 B、G、R 是单通道图像,当调用函数 cv2. imshow("Blue",B)时,把图像的 B、G、R 三个通道的值都变为 B 的值,所以图像的颜色三通道值为(B,B,B),当三个通道的值相同时,则为灰度图。同理,cv2. imshow("Green",G)和 cv2. imshow("Red",R)所显示图像的颜色通道依次是(G,G,G)和(R,R,R),显示为灰度图。

采用 OpenCV 提供的 cv2. merge()函数实现彩色图像 R、G、B 分量的合并,cv2. merge()函数调用的语法为:

```
merge = cv2.merge([B,G,R])
```

参数说明:

- merge:表示三分量合并后的图像。
- B:表示分离出的蓝色分量。

(a) 原始图像

(b) 蓝色分量图

(c) 绿色分量图

(d) 红色分量图

图 8.4 彩色图像分量提取效果图

- G：表示分离出的绿色分量。
- R：表示分离出的红色分量。
- $[B,G,R]$：表示分离出的 B、G、R 通道值。

将分离出的 R、G、B 通道值重新合并起来，相应的代码如下：

```
import cv2

img = cv2.imread('D:\ lena.jpg ',1)        ♯读取原始图像

(B,G,R) = cv2.split(img)            ♯分离出图像的 B、G、R 颜色通道
merge = cv2.merge([B,G,R])          ♯合并分离的 B、G、R 通道
cv2.imshow("Original",img)          ♯输出原始图像
cv2.imshow("Merge",merge)           ♯输出合并的图像
cv2.waitKey(0)
```

上述程序的运行结果如图 8.5 所示。

我们先通过函数 cv2.imread() 读入原始图像 8.5(a)，然后由函数 cv2.split() 分离出图像的 B、G、R 三个颜色通道。最后，通过 cv2.merge() 函数合并分离的 B、G、R 通道，得到图像 8.5(b)。

颜色空间的转换函数是 cv2.cvtColor()，cv2.cvtColor() 函数的调用语法为：

```
gray = cv2.cvtColor(p1,p2)
```

(a) 原始图像　　　　　　　　　　　(b) 合并图像

图 8.5　R、G、B 通道值合并效果图

参数说明：

- gray：表示输出的灰度图像。
- p1：表示输入的原始图像，也就是需要转换的图像。
- p2：表示转换的格式类型。

彩色图像转换为灰度图像，相应的代码如下：

```
import cv2

img = cv2.imread('D:\ lena.jpg ',1)           #读取原始图像

gray = cv2.cvtColor(img,cv2.COLOR_BGR2GRAY)   #彩色图像转换为灰度图像
cv2.imshow("Original",img)                    #输出原始图像
cv2.imshow("Gray",gray)                       #输出灰度图像
cv2.waitKey(0)
```

上述程序的运行结果如图 8.6 所示。

(a) 原始图像　　　　　　　　　　　(b) 灰度图像

图 8.6　颜色空间转换效果图

8.2.2　HSI 模型

HSI 色彩空间是从人的视觉系统出发，用颜色三要素：色调（Hue）、色饱和度（Saturation 或 Chroma）和亮度（Intensity 或 Brightness）来描述色彩。HSI 色彩空间可以用一个如

图 8.7 所示圆锥空间模型来描述。这种用来描述 HSI 色彩空间的圆锥模型相当复杂,但它

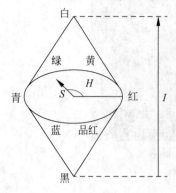

却能把色调、亮度和色饱和度这三个视觉要素的变化情形表现得很清楚、很直观。HSI 三要素的描述如下:

- H:表示颜色的相位角。它是彩色最重要的属性,决定颜色的本质。红、绿、蓝分别相隔 120 度;互补色分别相差 180 度。

- S:表示颜色的深浅程度。颜色越深,表示饱和度越高。同时,颜色的深浅程度与白色的比例有关,白色比例越多,其饱和度也就越低。

- I:表示色彩的明亮程度。

图 8.7　HSI 模型示意图

人的视觉对亮度的敏感程度远强于对颜色深浅的敏感程度,为了便于颜色的处理和识别,人的视觉系统采用 HSI 彩色空间,它比 RGB 彩色空间更符合人的视觉特性。此外,由于 HSI 空间中亮度和色度具有可分离特性,使得图像处理和机器视觉中大量灰度处理算法都可在 HSI 彩色空间中方便地使用。

HSI 彩色空间和 RGB 彩色空间只是对同一个物理量的不同表示法,它们之间可以相互转换,下面将介绍 RGB 和 HSI 彩色之间的相互转换。

1. 从 RGB 到 HSI 的彩色转换及其实现

从 RGB 到 HSI 的彩色转换是由一个基于笛卡尔直角坐标系的单位立方体向基于圆柱极坐标的双锥体的转换。首先将 RGB 图像的三个通道的数值分别由[0,255]归一化到[0,1]区间。HSI 色彩空间的三要素:H(色调)、S(色饱和度)和 I(亮度)分别用如下公式计算。

$$H = \begin{cases} \theta & b \leqslant g \\ 2\pi - \theta & b > g \end{cases} \tag{8-3}$$

$$I = \frac{r + g + b}{3} \tag{8-4}$$

$$S = 1 - \frac{3\min\{r,g,b\}}{r+g+b} \tag{8-5}$$

RGB 图像到 HIS 图像的颜色空间转换涉及到的函数调用说明如下:

根据上述式(8-3)、式(8-4)自定义函数 rgb2hsi()来实现 RGB 图像到 HIS 图像的转换,rgb2hsi()函数的调用语法为:

```
hsi_lwpImg = rgb2hsi(rgb_lwpImg)
```

参数说明:

- hsi_lwpImg:表示输出的 HSI 图像。

- rgb_lwpImg:表示输入的 RGB 图像。

OpenCV 提供的函数 cv2.imwrite()实现图像的保存,cv2.imwrite()函数的调用语法为:

```
cv2.imwrite('p1', p2)
```

参数说明:

- p1:表示图像保存的指定位置。

- p2：表示需要保存的图像。

实现 RGB 图像到 HIS 图像的转换，相应的代码如下：

```python
import cv2
import numpy as np

def rgb2hsi(rgb_lwpImg):                         # 定义 rgb2hsi() 函数
    rows = int(rgb_lwpImg.shape[0])              # 保存 RGB 原始图像的行数
    cols = int(rgb_lwpImg.shape[1])              # 保存 RGB 原始图像的列数
    b, g, r = cv2.split(rgb_lwpImg)              # 分离出图像的 B、G、R 颜色通道
    [b, g, r] = [i / 255.0 for i in ([b, g, r])] # B、G、R 颜色通道值归一化
    hsi_lwpImg = rgb_lwpImg.copy()              # 复制 RGB 原始图像作为 HIS 图像
    H, S, I = cv2.split(hsi_lwpImg)             # 分离出图像的 H、S、I 颜色通道
    for i in range(rows):
        for j in range(cols):
            num = 0.5 * ((r[i, j] - g[i, j]) + (r[i, j] - b[i, j]))
            den = np.sqrt((r[i, j] - g[i, j]) ** 2 + (r[i, j] - b[i, j]) * (g[i, j] - b[i, j]))
            theta = float(np.arccos(num/den))       # 求 θ 角
            if den == 0:
                H = 0
            elif b[i, j] <= g[i, j]:
                H = theta
            else:
                H = 2 * 3.14169265 - theta
            min_RGB = min(min(b[i, j], g[i, j]), r[i, j])
            sum = b[i, j] + g[i, j] + r[i, j]
            if sum == 0:
                S = 0
            else:
                S = 1 - 3 * min_RGB/sum              # S 通道值区间是 [0,1]
            H = H/(2 * 3.14159265)                   # H 通道值区间是 [0,2pi]，将 H 归一化
            I = sum/3.0                              # I 通道值区间是 [0,1]

            # 扩充到 255 是为了图像显示
            hsi_lwpImg[i, j, 0] = H * 255            # H 通道值扩展到 [0,255]
            hsi_lwpImg[i, j, 1] = S * 255            # S 通道值扩展到 [0,255]
            hsi_lwpImg[i, j, 2] = I * 255            # I 通道值扩展到 [0,255]
    return hsi_lwpImg                               # 返回 HIS 图像

if __name__ == '__main__':                          # 主函数
    rgb_lwpImg = cv2.imread('D:\ lena.jpg ',1)      # 读取原始图像
    hsi_lwpImg = rgb2hsi(rgb_lwpImg)               # RGB 到 HSI 颜色空间转换
    cv2.imshow('rgb_lwpImg', rgb_lwpImg)           # 输出 RGB 原始图像
    cv2.imshow('hsi_lwpImg', hsi_lwpImg)           # 输出 HIS 图像
    cv2.imwrite('D:\ lenahsi.jpg', hsi_lwpImg)     # 保存 hsi 图片到指定位置
    cv2.waitKey(0)
```

上述程序的运行结果如图 8.8 所示。程序中先定义了函数 rgb2hsi()，该函数保存 RGB 原始图像的行数和列数，以供后续循环变量使用。然后，调用函数 cv2.split() 分离出

图像的 R、G、B 三个颜色通道值,并分别归一化。复制 RGB 原始图像作为要生成的目标 HIS 图像,再通过函数 cv2.split()分离出图像的 H、S、I 颜色通道。基于式(8-4),使用 for 循环计算得到 H、S、I 的值,用于后面 HIS 图像的显示。之后,再将三个通道值扩展回 $[0,255]$这个区间。最后,在主函数中读取 RGB 8.8(a)所示的原始图像。调用函数 rgb2hsi() 实现 RGB 图像模型到 HIS 图像模型的转换。输出的 HIS 图像如图 8.8(b)所示,并将此图像保存在指定位置。

(a) RGB图像   (b) HIS图像

图 8.8　RGB 转 HSI 效果图

2. 从 HSI 到 RGB 的彩色转换及其实现

在$[0,1]$内给出 HSI 值,可利用 H 的值,在相同的值域计算 RGB 值。在原始色中以红、绿、蓝为分割点用红色线条分割成 3 个相隔120°的区域,如图 8.9 所示。从 H 乘以360° 开始,这时色调值返回原来的$[0°,360°]$范围。

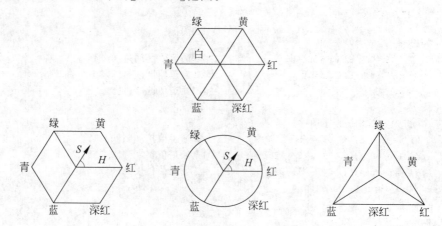

图 8.9　HSI 模型中的色调和饱和度

当 $H \in [0,1]$,$h = 2\pi H$ 时,HSI 转换为 RGB 的推导公式分为如下三种情况。

当在 RG 扇区($h \in [0,2\pi/3)$)时,HIS 转换为 RGB 的公式,如式(8-6)～式(8-8)所示。式中的 r,g,b 分别代表红绿蓝三个通道的像素值。

$$b = I(1-S) \tag{8-6}$$

$$r = I\left[1 + \frac{S\cos h}{\cos(\pi/3 - h)}\right] \tag{8-7}$$

$$g = 3I - r - b \tag{8-8}$$

当在 GB 扇区($h \in [2\pi/3, 4\pi/3)$)时,HIS 转换为 RGB 的公式,如式(8-9)～式(8-12)所示。

$$h = h - 2\pi/3 \tag{8-9}$$

$$r = I(1 - S) \tag{8-10}$$

$$g = I \left[1 + \frac{S\cos h}{\cos(\pi/3 - h)} \right] \tag{8-11}$$

$$b = 3I - r - g \tag{8-12}$$

当在 BR 扇区($h \in [4\pi/3, 2\pi)$)时,HIS 转换为 RGB 的公式,如式(8-13)～式(8-16)所示。

$$h = h - 4\pi/3 \tag{8-13}$$

$$g = I(1 - S) \tag{8-14}$$

$$b = I \left[1 + \frac{S + \cos h}{\cos(\pi/3 - h)} \right] \tag{8-15}$$

$$r = 3I - g - b \tag{8-16}$$

根据上述式(8-6)～式(8-16)自定义函数 hsi2rgb() 来实现 HSI 图像到 RGB 图像的转换,hsi2rgb() 函数的调用语法为:

```
rgb_img = hsi2rgb(hsi_img)
```

参数说明:

- rgb_img:表示输出的 RGB 图像。
- hsi_img:表示输入的 HSI 图像。

实现 HSI 图像到 RGB 图像的转换,相应的代码如下:

```
import cv2
import numpy as np

def hsi2rgb(hsi_img):                       #定义 hsi2rgb()函数
    row = np.shape(hsi_img)[0]              #保存 HSI 原始图像的行数
    col = np.shape(hsi_img)[1]              #保存 HSI 原始图像的列数
    rgb_img = hsi_img.copy()               #复制 HSI 原始图像作为 RGB 图像
    H,S,I = cv2.split(hsi_img)              #分离出图像的 H、S、I 颜色通道
    [H,S,I] = [ i/255.0 for i in ([H,S,I])]  #H、S、I 颜色通道值归一化
    R,G,B = H,S,I                           #初始化 RGB 值
    for i in range(row):
        h = H[i] * 2 * np.pi               #h 的区间是[0,2π]
        #当 h∈[0,2π/3]时,使用式(8-5)计算 rgb 值
        a1 = h >= 0
        a2 = h < 2 * np.pi/3
        a = a1 & a2
        tmp = np.cos(np.pi / 3 - h)
        b = I[i] * (1 - S[i])
        r = I[i] * (1 + S[i] * np.cos(h)/tmp)
        g = 3 * I[i] - r - b
        B[i][a] = b[a]                      #将 b 值赋给 B
```

```
        R[i][a] = r[a]                                  #将 r 值赋给 R
        G[i][a] = g[a]                                  #将 g 值赋给 G
    #当 h∈[2π/3,4π/3]时,使用式(8-6)计算 rgb 值
        a1 = h >= 2 * np.pi/3
        a2 = h < 4 * np.pi/3
        a = a1 & a2
        tmp = np.cos(np.pi - h)
        r = I[i] * (1 - S[i])
        g = I[i] * (1 + S[i] * np.cos(h - 2 * np.pi/3)/tmp)
        b = 3 * I[i] - r - g
        R[i][a] = r[a]                                  #将 r 值赋给 R
        G[i][a] = g[a]                                  #将 g 值赋给 G
        B[i][a] = b[a]                                  #将 b 值赋给 B
    #当 h∈[4π/3,2π]时,使用式(8-7)计算 rgb 值
        a1 = h >= 4 * np.pi / 3
        a2 = h < 2 * np.pi
        a = a1 & a2
        tmp = np.cos(5 * np.pi / 3 - h)
        g = I[i] * (1 - S[i])
        b = I[i] * (1 + S[i] * np.cos(h - 4 * np.pi/3)/tmp)
        r = 3 * I[i] - g - b
        B[i][a] = b[a]                                  #将 b 值赋给 B
        G[i][a] = g[a]                                  #将 g 值赋给 G
        R[i][a] = r[a]                                  #将 r 值赋给 R
    #扩充到 255 是为了图像显示
        rgb_img[:,:,0] = B * 255                        #B 通道值扩展到[0,255]
        rgb_img[:,:,1] = G * 255                        #G 通道值扩展到[0,255]
        rgb_img[:,:,2] = R * 255                        #R 通道值扩展到[0,255]
        return rgb_img

    if __name__ == '__main__':                          #主函数
        hsi_img = cv2.imread(''D:\ lenahsi.jpg '',1)
        rgb_img = hsi2rgb(hsi_img)                      #HSI 到 RGB 颜色空间转换
        cv2.imshow("hsi_lwplmg",hsi_img)               #输出 HIS 原始图像
        cv2.imshow("rgb_lwplmg",rgb_img)               #输出 RGB 图像
        cv2.waitKey(0)
```

上述程序的运行结果如图 8.10 所示。

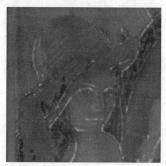
(a) HSI图像

(b) RGB图像

图 8.10　HSI 转 RGB 效果图

程序中首先定义函数 hsi2rgb()，在该函数中调用 OpenCV 提供的函数 cv2. split()分离出图像的 H、S、I 颜色通道值并将其归一化。接下来在 hsi2rgb()函数中写满足式(8-5)～式(8-7)的 for 循环计算得到 R、G、B 的值，并将三个通道值扩展回[0,255]，函数 hsi2rgb()最后返回 RGB 图像。主函数中，读取 HSI 原始图像 8.10(a)，调用函数 hsi2rgb()实现 HSI 图像到 RGB 图像的转换，输出 RGB 图像 8.10(b)。

8.2.3　HSV 模型

HSV(Hue，Saturation，Value)是由 A. R. Smith 在 1978 年根据颜色的直观特性创建的一种颜色空间。HSV 模型又称六角锥体模型。HSV 模型中，每一种颜色都是由色调(Hue，H)、饱和度(Saturation，S)和明度(Value，V)所表示的。HSV 将 RGB 颜色空间中的点在倒圆锥体中表示，如图 8.11 所示。这个模型中颜色的参数分别是：色调(H)、饱和度(S)、明度(V)。

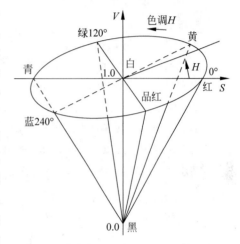

图 8.11　HSV 色彩空间示意图

色调 H 表示色彩信息，即所处的光谱颜色的位置。该参数用角度度量，取值范围为 0°～360°。若从红色开始按逆时针方向计算，红色为 0°，绿色为 120°，蓝色为 240°。它们的补色分别是黄色为 60°，青色为 180°，品红为 300°。饱和度 S 表示颜色接近光谱色的程度。每一种颜色都可以看成是某种光谱色与白色混合的结果。其中光谱色所占的比例愈大，颜色接近光谱色的程度就愈高，颜色的饱和度也就愈高。光谱色的白光成分为 0，饱和度达到最高。饱和度的取值范围是 0%～100%，取值越大，颜色越饱和。明度 V 表示颜色的明亮程度。对于光源色，明度值与发光体的光亮度有关；对于物体色，明度值和物体的透射比或反射比有关。明度的取值范围是 0%(黑)～100%(白)。

1. 从 RGB 到 HSV 的转换及其实现

首先将 RGB 图像的三个颜色通道的像素值都归一化到范围[0,1]，则 RGB 到 HSV 的转换公式，如式(8-17)～式(8-19)所示。

$$H = \begin{cases} 0 & \max = \min \\ 60° \times \dfrac{g-b}{\max - \min} + 0° & \max = r, g \geqslant b \\ 60° \times \dfrac{g-b}{\max - \min} + 360° & \max = r, g < b \\ 60° \times \dfrac{b-r}{\max - \min} + 120° & \max = g \\ 60° \times \dfrac{r-g}{\max - \min} + 240° & \max = b \end{cases} \tag{8-17}$$

其中，$\max = \max(r, g, b)$ $\min = \min(r, g, b)$

$$S = \begin{cases} 0, & \max = 0 \\ \dfrac{\max - \min}{\max} = 1 - \dfrac{\min}{\max} & 其他 \end{cases} \tag{8-18}$$

$$V = \max \tag{8-19}$$

RGB 图像到 HSV 图像的颜色空间转换涉及到的函数如下：

自定义函数 rgb2hsv() 通过公式(8-17)~式(8-19)由 RGB 图像的三个通道值计算 H、S、V 的通道值，rgb2hsv() 函数的调用语法为：

```
H,S,V = rgb2hsv(rgb_img)
```

参数说明：

- H：表示计算出的 H 通道的值。
- S：表示计算出的 S 通道的值。
- V：表示计算出的 V 通道的值。
- H,S,V：表示计算出的 H、S、V 通道的值。
- rgb_img：表示输入的 RGB 图像。

采用 OpenCV 提供的 cv2.merge() 函数实现对图像的 H、S、V 分量的合并，cv2.merge() 函数的调用语法为：

```
hsv = cv2.merge([H,S,V])
```

参数说明：

- hsv：表示三分量合并的 hsv 图像。
- H：表示 H 通道的值。
- S：表示 S 通道的值。
- V：表示 V 通道的值。
- $[H,S,V]$：表示分离出的 H、S、V 通道值。

实现 RGB 图像到 HSV 图像的转换，相应的代码如下：

```
import cv2
import numpy as np

def rgb2hsv(rgb_img):                              # 定义 rgb2hsv() 函数
    row = rgb_img.shape[0]                         # 保存 RGB 原始图像的行数
    col = rgb_img.shape[1]                         # 保存 RGB 原始图像的列数
    H = np.zeros((row, col),np.float32)            # 初始化和 RGB 图像行列数相同的全零数组
    S = np.zeros((row, col), np.float32)
    V = np.zeros((row, col), np.float32)
    b,g,r = cv2.split(rgb_img)                     # 分离出图像的 B、G、R 颜色通道
    b, g, r = b/255.0, g/255.0, r/255.0            # B、G、R 颜色通道值归一化

    # 使用式(8-8)由 r、g、b 通道值计算 h、s、v 通道值
    for i in range(0, row):
        for j in range(0, col):
            mx = max((b[i, j], g[i, j], r[i, j]))  # b、g、r 三者中的最大值
```

```
        mn = min((b[i, j], g[i, j], r[i, j]))          #b、g、r 三者中的最小值
        V[i, j] = mx                                    #V 值计算
        if V[i, j] == 0:                                #S 值计算
          S[i, j] = 0
        else:
          S[i, j] = (V[i, j] - mn) / V[i, j]
        if mx == mn:                                    #H 值计算
          H[i, j] = 0
        elif V[i, j] == r[i, j]:
          if g[i, j] >= b[i, j]:
            H[i, j] = (60 * ((g[i, j]) - b[i, j]) / (V[i, j] - mn))
          else:
            H[i, j] = (60 * ((g[i, j]) - b[i, j]) / (V[i, j] - mn)) + 360
        elif V[i, j] == g[i, j]:
          H[i, j] = 60 * ((b[i, j]) - r[i, j]) / (V[i, j] - mn) + 120
        elif V[i, j] == b[i, j]:
          H[i, j] = 60 * ((r[i, j]) - g[i, j]) / (V[i, j] - mn) + 240
        H[i,j] = H[i,j] / 2
  return H, S, V                                        #返回 H、S、V 通道值

rgb_img = cv2.imread('D:\ lena.jpg ',1)                 #读取原始图像
H,S,V = rgb2hsv(rgb_img)                                #调用函数计算 H、S、V 三个通道值
hsv = cv2.merge([H,S,V])                                #合并 HSV 图像
cv2.imshow("rgb", rgb_img)                              #输出 RGB 原始图像
cv2.imshow("hsv",hsv)                                   #输出 HSV 图像
cv2.imwrite('D:\ lenahsv.jpg',merged)                   #保存 hsv 图片到指定位置
cv2.waitKey(0)
```

上述程序的运行结果如图 8.12 所示。

(a) RGB图像　　　　　　　　　　　(b) HSV图像

图 8.12　RGB 转 HSV 效果图

　　为了实现 RGB 图像到 HSV 图像的转换,我们先定义函数 rgb2hsv()返回 HSV 图像的三个颜色通道值,然后读入 RGB 图像 8.12(a),调用函数 rgb2hsv()计算出 H、S、V 的通道值,再通过函数 cv2.merge()将这三个颜色通道值合并起来,输出 HSV 图像 8.12(b)。

　　自定义函数 rgb2hsv()的操作是:先保存 RGB 原始图像的行数和列数,然后初始化和 RGB 图像行列数相同的 H、S、V 全零数组。该函数还调用 cv2.split()函数,用于分离出图

像 8.12(a)的 B、G、R 颜色通道值,并将这三个通道值归一化到区间$[0,1]$。最后,根据公式(8-9)编写一个满足条件的 for 循环计算 H、S、V 三个颜色通道的值。

2. 从 HSV 到 RGB 的转换及其实现

HSV 三个颜色值转换范围是:h 的值为 $0° \sim 360°$,s 和 v 的值均为 $0 \sim 1$。HSV 到 RGB 的转换公式分为两种情况:

当 $s = 0$ 时,r、g、b 值的计算公式,如式(8-20)所示。

$$r = g = b = v \tag{8-20}$$

当 $s \neq 0$ 时,r、g、b 值的计算公式,如式(8-21)所示。

$$(r,g,b) = \begin{cases} (v,t,p) & h_i = 0 \\ (q,v,p) & h_i = 1 \\ (p,v,t) & h_i = 2 \\ (p,q,v) & h_i = 3 \\ (t,p,v) & h_i = 4 \\ (v,p,q) & h_i = 5 \end{cases} \tag{8-21}$$

其中,h_i、v、t、p 各参数的计算公式,如式(8-22)所示。

$$h_i = \left\lfloor \frac{h}{60} \right\rfloor \bmod 6 \quad f = \frac{h}{60} - h_i \quad p = v \times (1-s) \tag{8-22}$$
$$q = v \times (1 - f \times s) \quad t = v \times (1 - (1-f) \times s)$$

从 HSV 到 RGB 的转换采用 OpenCV 提供的函数 cv2.cvtColor( )进行实现,cv2.cvtColor( )函数的调用语法为:

```
hsv_img = cv2.cvtColor(img,p)
```

参数说明:

- hsv_img:输出的 HSV 图像。
- img:表示输入的原始图像。
- p:表示转换的格式类型。

下面代码涉及两种颜色格式转换类型 cv2.COLOR_BGR2HSV 和 cv2.COLOR_HSV2BGR。cv2.COLOR_BGR2HSV 表示实现 RGB 到 HSV 转换的函数,cv2.COLOR_HSV2BGR 表示实现 HSV 到 RGB 转换的函数(注意转换的 RGB 图像各分量的顺序为 B、G、R),其转换的原理是上述式(8-22)。

实现 HSV 图像到 RGB 图像的转换,相应的代码如下:

```
import cv2

img = cv2.imread('D:\ lena.jpg',1)                    #读取原始图像
hsv_img = cv2.cvtColor(img,cv2.COLOR_BGR2HSV)         #RGB 转 HSV
cv2.imshow("hsv", hsv_img)                             #输出 HSV 图像
rgb_img = cv2.cvtColor(merged,cv2.COLOR_HSV2BGR)      #HSV 转 RGB
cv2.imshow("rgb",rgb_img)                              #输出 RGB 图像
cv2.waitKey(0)
```

上述程序的运行结果如图 8.13 所示。

(a) HSV 图像　　　　　　　　　　　　(b) RGB图像

图 8.13　HSV 转 RGB 效果图

我们通过函数 cv2.imread()读取 RGB 原始图像 8.13(b)，然后用 cv2.cvtColor()函数实现 RGB 图像到 HSV 图像的转换，输出 HSV 图像 8.13(a)。接下来通过函数 cv2.cvtColor()实现 HSV 图像到 RGB 图像的转换，最后输出转换后的 RGB 图像 8.13(b)。

## 第 9 章

图像的特征提取

本章学习目标
- 了解图像的特征提取的基础知识
- 掌握图像的特征提取的基本方法并应用 Python 实现
- 了解模式识别的概念和相关知识

本章主要介绍图像特征提取的常见方法及其实现原理,并对这些方法进行代码实现。这些主要方法包括:梯度方向直方图、角点检测、局部二值模式、SIFT 特征检测以及数据降维算法。本章最后基于局部二值模式特征实现了一个人脸识别程序。

9.1　图像特征概述

计算机不认识数字图像,只认识 0 和 1 这两个数字。为了使计算机能够认识图像,进而能够理解图像的含义,具有真正意义上的"视觉",这就需要让计算机能够提取数字图像的特征。对于数字图像的特征目前并没有一个权威和明确的定义。图像的特征一般是指从图像中提取有用的数据或信息,即将一幅图像描述为数值、向量和符号等。这一过程就是数字图像的特征提取,而提取出来的这些数值、向量和符号就是特征。有了这些数值、向量和符号的特征我们就可以通过训练过程教会计算机如何懂得这些特征,从而使计算机具有识别和理解图像的本领。

1. 关于图像特征

特征的精确定义往往由要解决的问题或者应用类型决定。特征是一个数字图像中对于要解决的问题有帮助的部分,它是许多计算机图像分析算法的起点。特征是某一类对象区别于其他类对象的相应本质特点或特性,或是这些特点和特性的集合。特征是通过测量或处理能够抽取的数据。对于图像而言,每一幅图像都具有能够区别于其他类图像的自身特征,有些是可以直观地感受到的自然特征,如亮度、边缘、纹理和色彩等;有些则是需要通过变换或处理才能得到的,如矩、直方图以及主成分等。

2. 图像特征的分类

根据特征自身的特点可以将图像的特征分类为颜色特征、边缘特征、角点特征、区域特征、纹理特征。

颜色特征是一种全局特征,描述了图像或图像区域所对应的景物的表面性质。一般颜色特征是基于像素点的特征,此时所有属于图像或图像区域的像素都有各自的贡献。由于颜色对图像或图像区域的方向、大小等变化不敏感,所以颜色特征不能很好地捕捉图像中对象的局部特征。

边缘是组成两个图像区域之间边界(或边缘)的像素。一般一个边缘的形状可以是任意的,还可能包括交叉点。在实践中边缘一般被定义为图像中拥有大的梯度的点组成的子集。一些常用的算法还会把梯度高的点联系起来构成一个更完善的边缘的描写。这些算法也可能对边缘提出一些限制。

角是图像中点似的特征,在局部它有二维结构。早期的算法首先进行边缘检测,然后分析边缘的走向来寻找边缘突然转向(角)。后来发展的算法不再需要边缘检测这个步骤,而是可以直接在图像梯度中寻找高度曲率而确定角点特征。这种方法可以在图像中本来没有角的地方发现具有同角一样的特征的区域。本章介绍的 Harris、Shi-Tomasi、FAST 角点检测算法属于角点特征的提取方法。

区域与角不同的是区域描绘一个图像中的一个区域性的结构,但是区域也可能仅由一个像素组成,因此许多区域检测也可以用来检测角。一个区域监测器检测图像中一个对于角监测器来说太平滑的区域。区域检测可以想象为将一张图像缩小,然后在缩小的图像上进行角检测。

图像的纹理特征目前还没有一个被广泛接受的定义。图像的纹理特征一般是指图像的灰度或色彩在空间上有规律的变化或者重复。纹理特征也是一种全局特征,它也描述了图像或图像区域所对应景物的表面性质。但由于纹理只是一种物体表面的特性,并不能完全反映出物体的本质属性,所以仅仅利用纹理特征是无法获得高层次图像内容的。与颜色特征不同,纹理特征不是基于像素点的特征,它需要在包含多个像素点的区域中进行统计计算。本章介绍的梯度方向直方图、局部二值模式和 Gabor 滤波器都可以用来描述图像的纹理特征。

特征是描述数字图像的最佳方式,我们通常认为特征的各个维度能够从不同的角度描述图像。特征提取的主要目的是降维。特征抽取的主要思想是将原始样本投影到一个低维特征空间,得到最能反映样本本质或进行样本区分的低维样本特征。基于降维的特征提取方法的基本思想是根据一定的性能目标来寻找一个线性变换,把原始信号数据压缩到一个低维子空间,使数据在子空间中的分布更加紧凑,为数据的更好描述提供手段,同时计算的复杂度得到大大降低。

3. 特征提取的原则

图像的特征提取是为了后续的图像识别和理解做准备,因此图像的特征提取方法应该具体问题具体分析。然而,还是有一些可供遵循的普遍原则,能够作为我们在特征提取实践中的指导。

所选取的特征应对噪声和不相关转换不敏感。比如要识别车牌号码,车牌照片可能是从各个角度拍摄的,而我们关心的是车牌上字母和数字的内容,因此就需要设计对几何失真、变形等转换不敏感的车牌特征提取方法,从而得到旋转不变,或是投影失真不变的特征。

所选择的特征不仅能够真实反映和描述图像而且应该能够将这个类别的图像和其他类别的图像区别开来。为了达到这个目的,我们应该选择那些能够对同类别图像提取到相似特征,对于不同类图像提取到差异较大特征的特征提取方法。具有这种性质的特征提取方法我们称之为具有区分能力的特征提取方法,即这种提取方法提取到的特征具有较小的类内差异和较大的类间差异。

所选取的特征要有合理的计算量。如需对某个图像进行分类,应如何提取该图像的特征?一个最容易想到的方法是尽可能多地提取图像中像素的灰度值作为特征,这样可以提供尽可能多的信息给分类器。然而过多的保留图像的原始信息就意味着所提取到的图像特征具有较高的维度,进而导致分类算法的时间和空间复杂度都过高。因此,很多时候我们应该根据具体任务和自身对该任务的经验来设计特征提取算法。例如要通过人脸图像判断一个人的年龄段,那么肤色、面部轮廓等信息往往不重要,可能要使用纹理特征判断皮肤的褶皱程度,可能还要眉毛和头发的颜色来辅助判断。

9.2　梯度方向直方图

梯度方向直方图最初是用于人体检测的特征描述子,后来又被广泛应用于目标检测、人脸识别等其他任务中。该方法通过统计图像梯度的方向信息来建立梯度方向直方图。梯度方向直方图是在由像素点组成的细胞单元上进行计算的。

9.2.1　梯度方向直方图的计算

1. 特征描述符

特征描述符是图像的一种表现形式,是指通过提取图像中的有用信息,并去掉无用的信息来得到图像的简化形式,从而通过这个简化形式来表示这个图像。通常特征描述符会把彩色或者灰度图像转换成一个长度为 n 的特征向量组。

什么特征是有用的呢?假设我们想要检测一张图像里衣服上的扣子,扣子通常是圆形的,而且上面有几个洞。那么就可以通过边缘检测,把图像变成只有边缘信息的图像,然后就可以很容易地分辨衣服上的扣子了。对于这张图像来说,边缘信息就是有用信息,颜色信息就是无用信息。

在计算图像的梯度方向直方图时,图像梯度的分布被用作图像的特征,因为我们知道边缘和角点包含了很多物体形状的信息,而在边缘和角点处的梯度幅值较大。

2. 梯度方向直方图计算过程

梯度方向直方图计算过程大致如下:

(1) 预处理。预处理阶段要完成如下工作。

设定检测窗口。检测窗口的大小可以是任意大小,但是有固定比例。之后,将输入图像转化为灰度图像。最后,采用伽马校正法对输入图像进行颜色空间的标准化(归一化)。

为了减少光照因素的影响,需要将整个图像进行标准化(归一化)。使用 3.6 节"伽马变换"介绍的伽马变换来完成颜色空间的标准化。伽马校正法的公式如式(9-1)所示。

$$U(x,y) = I(x,y)^{\text{gamma}} \tag{9-1}$$

输出图像 $U(x,y)$ 是输入图像 $I(x,y)$ 的幂函数,指数为 gamma。图像预处理阶段的工作可以根据实际情况省略。

(2)计算图像中每个像素点的梯度(包括幅值和方向),捕获轮廓信息。

输入图像中像素点 (x,y) 的梯度计算如式(9-2)、式(9-3)所示。

$$G_x(x,y) = H(x+1,y) - H(x-1,y) \tag{9-2}$$

$$G_y(x,y) = H(x,y+1) - H(x,y-1) \tag{9-3}$$

其中,$G_x(x,y)$ 和 $G_y(x,y)$ 分别表示输入图像中像素点 (x,y) 的水平和竖直方向的梯度,$H(x,y)$ 表示输入图像中像素点的像素值。

输入图像中像素点 (x,y) 处的梯度幅值和梯度方向的计算如式(9-4)、式(9-5)所示。

$$G(x,y) = \sqrt{G_x(x,y)^2 + G_y(x,y)^2} \tag{9-4}$$

$$\alpha(x,y) = \arctan\left(\frac{G_y(x,y)}{G_x(x,y)}\right) \tag{9-5}$$

(3) 计算每个细胞单元的梯度方向直方图。

首先将图像分成若干个细胞单元,例如每个细胞单元为 6×6 个像素的大小。然后,假设采用 9 个 bin 的直方图来统计这个细胞单元的梯度信息,这 9 个 bin 分别对应 $0°,20°,\cdots,$ $140°,160°$。如果这个像素的梯度方向为 $10°$,在 $0°\sim20°$ 之间,梯度大小为 2,那么就将这个像素的梯度大小按照比例分配到 $0°$ 和 $20°$ 这两个 bin 上,即 $0°$ 这个 bin 加 1,$20°$ 这个 bin 加 1。若像素的梯度方向为 $40°$,梯度大小为 9,则在 $40°$ 这个 bin 上加 9;若像素的梯度方向在 $160°\sim180°$ 之间,则将梯度大小按照比例分配在 $0°$ 和 $160°$ 的 bin 上。以此类推,就可以得到这个细胞单元的梯度方向直方图,并且可表示成长度是 9 的特征向量。计算每个细胞单元的梯度方向直方图过程示意图如图 9.1 所示。

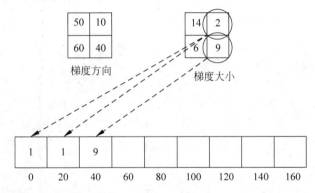

图 9.1　计算每个细胞单元的梯度方向直方图过程示意图

(4) 将每几个细胞单元组成一个更大的块(block),将 block 内所有细胞单元的特征向量串联起来并归一化,得到该 block 的 HOG 描述符。

假设一个 block 由 4 个细胞单元组成,每个细胞单元的特征向量的长度为 9,那么这个 block 的特征向量长度就为 36,然后对这个 block 进行归一化处理,归一化处理之后的 block 特征向量称之为 HOG 描述符。

(5) 将输入图像内所有 block 的 HOG 描述符串联起来,得到用来判断图像类别的特征向量。

9.2.2　梯度方向直方图的 Python＋OpenCV 实现

OpenCV 提供了 cv2.HOGDescriptor() 函数来定义计算梯度方向直方图的有关参数,其函数的调用语法为:

```
hog = cv2.HOGDescriptor(winSize,blockSize,blockStride,cellSize,nbins)
```

参数说明:

- hog:表示输出 HOG 描述符。

- winSize：表示检测窗口大小。
- blockSize：表示 block 大小。
- blockStride：表示 block 移动的步长。
- cellSize：表示细胞单元的大小。
- nbins：表示 bin 的取值。

将有关参数定义完成后，使用 hog. compute()函数来计算图像的梯度方向直方图，其函数的调用语法为：

```
test_hog = hog.compute(img,winStride,padding).reshape((-1,))
```

参数说明：

- test_hog：表示输出图像的特征向量。
- img：表示输入原始图像。
- winStride：表示检测窗口滑动的步长。
- padding：表示填充。即该参数用于在图像的周围填充像素点来处理边界。

计算图像梯度方向直方图的实现代码如下：

```python
import numpy as np
import cv2

img = cv2.imread(r'C:\Users\lenovo\Desktop\car.jpg')    #读入原始图像
winSize = (64,128)                                      #cv2.HOGDescriptor 函数中的参数设定
blockSize = (8,8)
blockStride = (8,8)
cellSize = (8,8)
nbins = 9
#定义计算梯度方向直方图的有关参数
hog = cv2.HOGDescriptor(winSize,blockSize,blockStride,cellSize,nbins)
winStride = (8,8)                                       #hog. compute 函数中的参数设定
padding = (8,8)
#计算图像的梯度方向直方图
test_hog = hog.compute(img, winStride, padding).reshape((-1,))
#画出梯度方向直方图
n, bins, patches = plt.hist(test_hog, bins = 256, normed = 0, facecolor = 'red', alpha = 0.75)
plt.show()
print(test_hog)                                         #输出图像的特征向量
```

上述程序的运行结果如下：

```
[0.45742327 0.45742327 0.34655488 … 0.37620687 0.37620687 0.37620687]
```

上述所示的一组向量就是图 9.2(a)所示图像的梯度方向直方图。图 9.2(b)是这组向量的直方图展示。

(a) 原始图像

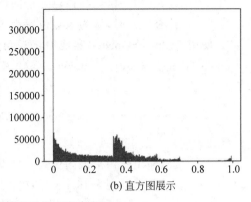
(b) 直方图展示

图 9.2 原始图像和该图像的梯度方向直方图

9.3 角 点 特 征

角点检测是计算机视觉系统中用来获得图像特征的一种方法,广泛应用于运动检测、图像匹配、视频跟踪、三维建模和目标识别等领域中。角点通常被定义为两条边的交点,或者说,角点的局部邻域应该具有两个不同区域,且这两个区域具有不同方向。角点检测常见的方法有 Harris 角点检测,Shi-Tomasi 角点检测和 FAST 角点检测等。

9.3.1 Harris 角点检测

Harris 角点检测算法的思想就是用一个小窗口在图像中移动,然后通过考查这个小窗口内图像灰度的平均变换值来确定角点。

1. Harris 角点检测算法步骤

计算图像 $I(x,y)$ 在 X 和 Y 两个方向上的梯度 I_x,I_y,计算公式如(9-6)、式(9-7)所示。

$$I_x = \frac{\partial I}{\partial x} = I * (-1 \quad 0 \quad 1) \tag{9-6}$$

$$I_y = \frac{\partial I}{\partial x} = I * (-1 \quad 0 \quad 1)^{\mathrm{T}} \tag{9-7}$$

计算像素点的自相关矩阵 $\boldsymbol{M}$,$\boldsymbol{M}$ 的计算公式如式(9-8)所示。

$$\boldsymbol{M} = \sum_{x,y} w(x,y) \begin{bmatrix} I_x^2 & I_x I_y \\ I_x I_y & I_y^2 \end{bmatrix} \tag{9-8}$$

其中,$w(x,y)$ 为窗口函数,一般为高斯函数。

应用角点响应函数,计算每个角点的响应值 R。角点响应函数如式(9-9)所示。

$$R = \det \boldsymbol{M} - k(\mathrm{trace}\boldsymbol{M})^2 \tag{9-9}$$

其中,$\det \boldsymbol{M}$ 是矩阵 $\boldsymbol{M}$ 的行列式,$\mathrm{trace}\boldsymbol{M}$ 是矩阵 $\boldsymbol{M}$ 的迹,k 为修正值,是一个常数,通常情况下取值范围是 $0.04 \sim 0.06$。

算出响应值 R 后,根据 R 与阈值 T 的比较来判断是否为角点,判断准则如下:

当 $|R|$ 很小且 $R < T$ 时,认为该点处于图像的平坦区域。

当 $R<0$ 且 $R<T$ 时,认为该点处于图像的边缘区。

当 $R>0$ 且 $R>T$ 时,认为该点位置为图像的角点。

2. 使用 Python+Opencv 实现 Harris 角点检测

OpenCV 提供了 cv2. cornerHarris( )函数来实现 Harris 角点检测,其函数的调用语法为:

```
dw = cv2.cornerHarris(src,blockSize,ksize,k[,dst[,borderType]])
```

参数说明:

- dw:表示输出图像。该图像为一幅浮点值图像,浮点值越高,越有可能是角点。
- src:表示数据类型为 float32 的输入图像。
- blockSize:表示角点检测时扫描原图像的窗口大小。
- ksize:表示角点检测的敏感度。该参数的值为 3~31 之间的奇数。
- k:表示自由参数 k。该参数用于 Harris 角点检测方程,其取值范围为 0.04~0.06。
- dst:表示输出图像。该图像为一幅浮点值图像,浮点值越高,越有可能是角点。
- borderType:表示边界的类型。

角点检测实现代码如下。程序的运行结果如图 9.3 所示。

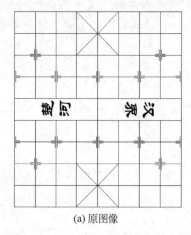
(a) 原图像

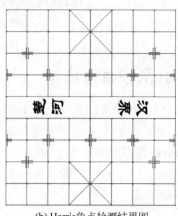
(b) Harris角点检测结果图

图 9.3　Harris 角点检测运行结果图

```python
import cv2
import numpy as np

img = cv2.imread(r'C:\Users\lenovo\Desktop\xiangqi.jpg')    #读入原始图像
src = cv2.imread(r'C:\Users\lenovo\Desktop\xiangqi.jpg')    #读入原始图像
gray = cv2.cvtColor(img, cv2.COLOR_BGR2GRAY)               #将原始图像灰度化
gray = np.float32(gray)               #将灰度化的原图像的数据类型转换为 float32
dst = cv2.cornerHarris(gray, 2, 3,0.04)               #Harris 角点检测
img[dst > 0.01 * dst.max()] = [0, 0, 255]               #将 Harris 角点检测的结果画在图像上
cv2.imshow('Edge Image', img)               #输出 Harris 角点检测结果图
cv2.imshow('Original Image',src)               #输出原始图像
cv2.waitKey(0)
```

9.3.2　基于 Harris 角点的人脸检测

下面的代码基于 OpenCV 中提供的基于 Harris 角点的人脸检测分类器进行人脸检测。只需要一行代码即可调用 cv2.CascadeClassifier('./haarcascade_frontalface_default.xml') OpenCV 中提供的基于 Harris 角点的人脸检测分类器。检测效果如图 9.4 所示。

```python
import cv2

#检测人脸
def detect_face(img):
    #转换为灰度图像
    gray = cv2.cvtColor(img, cv2.COLOR_BGR2GRAY)
    #加载 OpenCV 人脸检测分类器
    face_cascade = cv2.CascadeClassifier('./haarcascade_frontalface_default.xml')
    #检测多尺度图像
    faces = face_cascade.detectMultiScale(gray, 1.2, 3)
    #检测失败,返回 None
    if len(faces) == 0:
        return None, None
    (x, y, w, h) = faces[0]
    #返回人脸坐标
    return gray[y:y + w, x:x + h], faces[0]

#根据给定的(x,y)坐标和宽度高度在图像上绘制矩形
def draw_rectangle(img, rect):
    (x, y, w, h) = rect
    cv2.rectangle(img, (x, y), (x + w, y + h), (128, 128, 0), 5)

#检测人脸并附加外框
def detect(img):
    img_copy = img.copy()               #复制 img
    face, rect = detect_face(img)       #检测人脸
    draw_rectangle(img_copy, rect)      #绘制外框
    return img_copy

#加载测试图像
test_img1 = cv2.imread("aobama.jpg")
#调用人脸检测函数
img1 = detect(test_img1)
#显示图像
cv2.imshow("img1", img1)
cv2.waitKey(0)
cv2.destroyAllWindows()
```

图 9.4　人脸检测效果图

9.3.3　Shi-Tomasi 角点检测

Shi-Tomasi 算法是 Harris 算法的改进,即 Shi-Tomasi 算法将角点响应函数改进为式(9-10)。

$$R = \min(\lambda_1, \lambda_2) \tag{9-10}$$

当该点的 R 值大于阈值 T($T=$qualtyLevel×图像中自相关矩阵 **M** 的最大特征值)时,则会保留该点,将保留下来的角点,根据 R 值进行降序排列,取 R 值最大的角点,将其最小欧式距离之内的角点都舍弃。按照这个方式返回 N 个(自己设定的参数)最佳角点。

OpenCV 提供了 cv2. goodFeaturesToTrack()函数实现 Shi-Tomasi 角点检测,其函数的调用语法为:

```
dst = cv2.goodFeaturesToTrack(image,maxCorners,qualityLevel,minDistance,corners,
mask,blockSize,useHarrisDetector,k)
```

参数说明:

- dst:表示输出 Shi-Tomasi 角点检测结果。
- image:表示输入图像。该图像一般是灰度图像。
- maxCorners:表示想要检测的角点数目。
- qualtyLevel:表示角点的质量水平。该参数取值范围为 0～1。
- minDistance:表示两个角点之间的最小欧氏距离。
- corners:表示角点位置向量。该参数保存的是角点的位置坐标。
- mask:表示角点的检测区域。若该参数置为空,表示检测整幅图像。
- blockSize:表示窗口大小。该参数用于角点检测时扫描原图像。
- useHarrisDetector:表示是否使用 Harris 角点检测算法。若该参数置为 True,使用 Harris 角点检测算法,若置为 false,则使用 Shi-Tomasi 角点检测算法。
- k:表示 Harris 角点检测算子所用的自由参数。该参数取值范围一般为 0.04～0.06,若第八个参数为 false 时,则该参数不起作用。

Shi-Tomasi 角点检测实现代码如下。

```
import cv2
import numpy as np

img = cv2.imread(r'C:\Users\lenovo\Desktop\zhengfangti.jpg')    #读入原始图像
src = cv2.imread(r'C:\Users\lenovo\Desktop\zhengfangti.jpg')    #读入原始图像
gray = cv2.cvtColor(img, cv2.COLOR_BGR2GRAY)                        #将原始图像灰度化
gray = np.float32(gray)                               #将灰度图像的数据类型变为float32
dst = cv2.goodFeaturesToTrack(gray, 40, 0.01, 10)    #Shi-Tomasi角点检测
for i in dst:                                        #将Shi-Tomasi角点检测结果画在原图像上
    x, y = i.ravel()
cv2.circle(img, (x, y), 3, 255, -1)
cv2.imshow('Edge Image', img)                        #输出Shi-Tomasi角点检测结果图
cv2.imshow('Original Image', src)                    #输出原始图像
cv2.waitKey(0)
```

上述程序的结果如图 9.5 所示。

(a) 原始图像　　　　　　　　　　　　　(b) Shi-Tomasi角点检测结果图

图 9.5　Shi-Tomasi 角点检测运行结果图

9.3.4　FAST 角点检测

FAST(Features from Accelerated Segment Test)算法是由 Edward Rosten 和 Tom Drummond 在 2006 年首先提出的,其优点是计算速度快,具有较高的精确度,缺点是在噪声高的时候鲁棒性差,性能依赖阈值的设定。

1. FAST 角点检测算法步骤

如图 9.6 所示,以像素 p 为中心,半径为 3 的圆上,有 16 个像素点。FAST 角点检测(以 FAST=16 为例)的步骤如下。

步骤 1:设定一个阈值,计算像素点 1 和 9 与中心像素点 p 的像素差,若计算出像素差的绝对值都大于阈值,则认定像素点 p 是候选点,进一步考查。

步骤 2:若点 p 是候选点,则计算像素点 5 和 13 与中心像素点 p 的像素差,若计算出像素差的绝对值至少有 1 个超过阈值,则当选下一步候选点,进一步考查;否则,直接舍弃。

步骤 3:若像素点 p 为候选点,计算 16 个像素点与中心像素点 p 的像素差,若计算出像素差的绝对值至少有 9 个超过阈值,则认定为特征点;否则,直接舍弃。

步骤 4:用非极大值抑制的方法解决探测到的特征点相互连接的问题。

对所有检测到的特征点计算打分函数 V，打分函数 V 如式(9-11)所示。

$$V = \sum \left| \text{pixel values} - p \right| \tag{9-11}$$

若 p 的 V 值是邻域内最大的，则保留；否则，抑制。若邻域内只有一个角点，则保留。

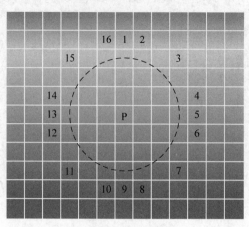

图 9.6　示意图

2. Python＋OpenCV 实现 FAST 角点检测

OpenCV 提供了 cv2. FastFeatureDetector_create()函数来创建 FAST 检测器，其函数的调用语法为：

```
etval = cv2.FastFeatureDetector_create([, threshold[, nonmaxSuppression[, type]]])
```

参数说明：

- etval：表示输出 FAST 检测器。
- threshold：表示需要设置的阈值。该参数用于比较中心像素 p 与邻域像素 p_n 的像素差。
- nonmaxSuppression：表示是否使用非极大值抑制。若该参数设为 True，则使用非极大值抑制。
- type：表示邻域大小。该参数有三种选择，如表 9.1 所示。

表 9.1　type 参数的选择

type	说　明
cv2. FAST _ FEATURE _ DETECTOR _ TYPE_5_8	有 8 个像素点与中心像素点 p 作比较，若计算出像素差的绝对值至少有 5 个超过阈值，则认定像素点 p 为特征点
cv2. FAST _ FEATURE _ DETECTOR _ TYPE_7_12	有 12 个像素点与中心像素点 p 作比较，若计算出像素差的绝对值至少有 7 个超过阈值，则认定像素点 p 为特征点
cv2. FAST _ FEATURE _ DETECTOR _ TYPE_9_16	有 16 个像素点与中心像素点 p 作比较，若计算出像素差的绝对值至少有 9 个超过阈值，则认定像素点 p 为特征点

FAST 角点检测实现代码如下：

```
import cv2
import numpy as np

img = cv2.imread(r'C:\Users\lenovo\Desktop\cube.jpg')        # 读入原图像
src = cv2.imread(r'C:\Users\lenovo\Desktop\cube.jpg')        # 读入原图像
gray = cv2.cvtColor(img, cv2.COLOR_BGR2GRAY)                 # 将原图像灰度化
fast = cv2.FastFeatureDetector_create(7, True,
cv2.FAST_FEATURE_DETECTOR_TYPE_7_12)                         # 创建 FAST 检测器
kp = fast.detect(gray, None)                                 # FAST 角点检测
# 将 FAST 角点检测结果画在原图像上
kp_img = cv2.drawKeypoints(img, kp, None, color = (255, 0, 0))
cv2.imshow('Original Image', src)                            # 输出原图像
cv2.imshow('Edge Image', kp_img)                             # 输出 FAST 角点检测结果图
cv2.waitKey(0)
```

上述程序的运行结果如图 9.7 所示。

(a) 原始图像

(b) FAST 角点检测结果图

图 9.7　FAST 角点检测运行结果图

9.4　SIFT 算法

　　SIFT 算法也叫尺度不变特征变换算法，是 David Lowe 于 1999 年提出的局部特征描述符，并于 2004 年进行了更深入的发展和完善。SIFT 算法的实质是：在不同的尺度空间上查找特征点，并计算出特征点的方向。

　　SIFT 算法可以处理两幅图像之间发生平移、旋转、仿射变换情况下的匹配问题，具有很强的匹配能力。SIFT 算法及其扩展算法已被证实在同类描述子中具有最强的健壮性。其应用范围包含物体辨识、机器人地图感知与导航、影像缝合、3D 模型建立、手势辨识、影像追踪和动作比对等。

9.4.1　SIFT 算法的特点与步骤

1. SIFT 算法特点

* 独特性好：信息量丰富，适用于在海量特征数据库中进行快速、准确的匹配。

- 多量性：即使少数的几个物体也可以产生大量 SIFT 特征向量。
- 速度相对较快：经优化的 SIFT 算法甚至可以达到实时的要求。
- 可扩展性强：可以很方便地与其他形式的特征向量进行联合。
- SIFT 算法所查找到的特征点是一些十分突出，不会因光照、仿射变换和噪音等因素明显变化的点。

2. SIFT 算法步骤

对一幅图像进行 SIFT 特征提取需要五个步骤：①尺度空间极值检测，②去除不稳定特征点，③特征点方向分配，④特征点描述和⑤特征点匹配。

1）尺度空间极值检测

高斯金字塔是在图像处理、计算机视觉、信号处理上所用的一项技术。高斯金字塔本质上为信号或图片的多尺度表示方法，即将同一信号或图片进行多次高斯模糊和降采样，以产生不同尺度的多组信号或图片。

构建高斯金字塔的步骤如下：

步骤 1：将原图像扩大 1 倍后作为高斯金字塔的第 1 组的第 1 层，将第 1 组的第 1 层图像经过高斯平滑之后的结果作为第 1 组金字塔的第 2 层，高斯卷积函数如式(9-12)所示。

$$G(x,y)=\frac{1}{2\pi\sigma^2}\exp\left(-\frac{x^2+y^2}{2\sigma^2}\right) \tag{9-12}$$

对于参数 σ，在 SIFT 算法中取固定值 1.6。

步骤 2：将 σ 乘以一个比例系数 k，得到一个新的平滑因子 $\sigma=k\times\sigma$，用它来平滑第 1 组的第 2 层图像，平滑结果作为第 1 组的第 3 层。

步骤 3：以此类推，最后得到 L 层图像，在同一组中，每一层图像的尺寸都是一样的，只是平滑系数不一样。

步骤 4：将第 1 组倒数第 3 层图像进行降采样（比例因子为 2），得到的图像作为第 2 组的第 1 层，然后对第 2 组的第 1 层图像做平滑因子为 σ 的高斯平滑，得到第 2 组的第 2 层，同步骤 2，以此类推，得到第 2 组的第 L 层，同一组中，每一层图像的尺寸都是一样的，但是，第 2 组图像的尺寸是第 1 组图像的一半。

步骤 5：这样以此类推，就可以得到一共 O 组，每组 L 层，共计 $L\times O$ 个图像，这些图像构成了高斯金字塔。

高斯金字塔如图 9.8 所示。

差分金字塔（DOG）是在高斯金字塔的基础上构建起来的，其实生成高斯金字塔的目的就是为了构建 DOG 金字塔。根据高斯金字塔构建 DOG 金字塔步骤如下：

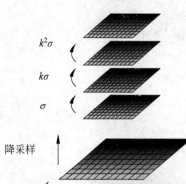
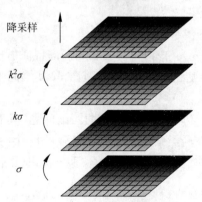

图 9.8　高斯金字塔

步骤 1：将高斯金字塔的第 1 组的第 2 层减第 1 组的第 1 层得到 DOG 金字塔的第 1 组的第 1 层，高斯金字塔的第 1 组的第 3 层减第 1 组的第 2 层得到 DOG 金字塔的第 1 组的第 2 层。

步骤 2：以此类推，生成每一个差分图像，所有的差分图像构成 DOG 金字塔。在每一组的层数上，DOG 金字塔都比高斯金字塔少一层，后续 SIFT 特征点的提取都是在 DOG 金字塔上进行的。

当我们得到 DOG 金字塔后，DOG 金字塔中的图像上的某个像素点的值不但与其邻域的 8 个像素点的值比较，还与其前一层相同位置的 9 个像素点和下一层相同位置的 9 个像素点的值进行比较，如果该像素点是这些点中的极值点，那么我们就认为它是一个潜在的特征点。由高斯金字塔构建 DOG 金字塔的过程如图 9.9 所示。

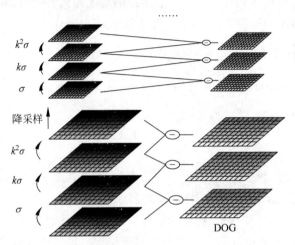

图 9.9　由高斯金字塔构建 DOG 金字塔过程图

2）去除不稳定特征点

有些潜在的特征点是在图像的边缘位置，因为图像的边缘点很难定位，同时也容易受到噪声的干扰，所以我们需要去除这些不稳定的特征点。其步骤如下：

步骤 1：计算某特征点的 Hessian 矩阵 $\boldsymbol{H}$，矩阵 $\boldsymbol{H}$ 如式（9-13）所示。

$$\boldsymbol{H} = \begin{bmatrix} D_{xx} & D_{xy} \\ D_{xy} & D_{yy} \end{bmatrix} \tag{9-13}$$

其中，D_{xx} 表示某特征点在 x 方向上求导两次，以此类推。

步骤 2：求出 $\boldsymbol{H}$ 的特征值 α、β，则 $\dfrac{\text{Tr}(\boldsymbol{H})^2}{\text{Det}(\boldsymbol{H})} = \dfrac{(\alpha+\beta)^2}{\alpha\beta}$，该值在特征值相等时达到最小。

步骤 3：若 $\dfrac{\text{Tr}(\boldsymbol{H})^2}{\text{Det}(\boldsymbol{H})} < T$，保留特征点；反之，去除关键点，阈值 T 一般为 1.2。

3）特征点方向分配

为使特征点对图像的旋转具有不变性，需要给特征点分配方向信息。给特征点分配方向信息的方法如下：

计算以特征点为中心的邻域内所有点的梯度方向，统计它们的梯度方向直方图（该梯度方向直方图通常为 36bin），在梯度方向直方图中，峰值代表特征点的主方向，若存在大于或等于峰值的 80% 的数值，则将这个方向认为是特征点的辅方向。

至此，检测出的特征点即为图像的 SIFT 特征点。

4）特征点描述

对特征点的描述是后续实现匹配的关键步骤，经验结果表明，对每个特征点，采用 $4\times4\times8$ 共 128 维向量的描述子进行描述，综合效果最佳，那么如何得到这个 128 维向量呢？

首先选取以特征点为中心的一个 16×16 的区域，把它分成 16 个 4×4 的小方块，然后为每个小方块创建一个具有 8 个 bin 的梯度方向直方图，总共加起来有 128 个 bin，最后由此组成长度为 128 的向量就构成了特征点描述符。

5）特征点匹配

特征点的匹配是通过计算两个特征点描述符的欧氏距离实现的，欧氏距离越小，则相似度越高。当欧氏距离小于设定的阈值时，判定匹配成功。

9.4.2　图像 SIFT 特征点的检测

OpenCV 提供了 cv2. xfeatures2d. SIFT_create() 函数创建 SIFT 特征检测器，其函数的调用语法为：

```
Sift = cv2. xfeatures2d. SIFT_create(nfeatures, nOctaveLayers, contrastThreshold, edgeThreshold, sigma)
```

参数说明：

- Sift：返回值，表示输出 SIFT 特征检测器。
- nfeatures：表示保留的最佳特征的数量。该参数默认值为 0。
- nOctaveLayers：表示高斯金字塔每组有多少层。该参数默认值为 3。
- contrastThreshold：表示对比度阈值。该参数用于滤除低对比度区域中的弱特征。阈值越大，检测器产生的特征越少，默认值为 0.04。
- edgeThreshold：表示用来过滤特征点的阈值。该参数越大，检测器产生的特征值越多。默认值为 10。
- sigma：表示高斯金字塔中的 σ。该参数默认值为 1.6。

SIFT 特征点检测实现代码如下：

```python
import cv2
import numpy as np
from matplotlib import pyplot as plt

img = cv2.imread(r'C:\Users\lenovo\Desktop\cube.jpg')        #读入原始图像
src = img.copy()
gray = cv2.cvtColor(img, cv2.COLOR_BGR2GRAY)                 #将原始图像灰度化
sift = cv2.xfeatures2d.SIFT_create()                         #创建 SIFT 特征检测器
kp = sift.detect(gray,None)                                  #检测 SIFT 特征点
cv2.drawKeypoints(img, kp, img)                              #绘制 SIFT 特征点
cv2.imshow('Original Image',src)
cv2.imshow('Edge Image', img)
cv2.waitKey(0)
```

上述程序首先读入原始图像并将原始图像转为灰度图像，以便进行 SIFT 特征点的检测。为了显示特征点在原图中的位置，上述程序得到了 SIFT 特征点之后，将 SIFT 特征点

绘制到了原始图像之上。程序的运行结果如图 9.10 所示。

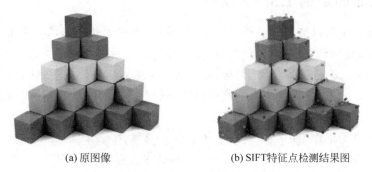

(a) 原图像   (b) SIFT特征点检测结果图

图 9.10 　SIFT 特征点检测运行结果图

9.5 　局部二进制模式

局部二进制模式(local binary patterns,LBP)最早是作为一种有效的纹理描述算子提出的,由于其对图像局部纹理特征的卓越描绘能力而获得了广泛的应用。LBP 特征具有很强的分类能力(highly discriminative)、较高的计算效率,并且对于单调的灰度变化具有不变性。

9.5.1 　基本 LBP

图 9.11 给出了一个基本的 LBP 算子,应用 LBP 算子的过程类似于滤波过程中的模板操作。逐行扫描图像,对于图像中的每一个像素点,以该点的灰度作为阈值,对其周围 3×3 的 8 邻域进行二值化,按照一定的顺序将二值化的结果组成一个 8 位二进制数,以此二进制数的值(0~255)作为该点的响应。

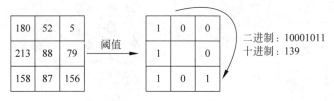

图 9.11 　基本 LBP 算子

例如对于图 9.11 中的 3×3 区域的中心点,以其灰度值 88 作为阈值,对其 8 邻域进行二值化,并且从左上点开始按照顺时针方向(具体的顺序可以任意,只要统一即可)将二值化的结果组成一个二进制数 10001011,即十进制的 139,作为中心点的响应。在整个逐行扫描过程结束后,我们会得到一个 LBP 响应图像,这个响应图像的直方图被称为 LBP 统计直方图,或 LBP 直方图,它常常作为我们后续识别工作的特征,因此也被称为 LBP 特征。

LBP 的主要思想是以某一点与其邻域像素的相对灰度作为响应,正是这种相对机制使 LBP 算子对于单调的灰度变化具有不变性。人脸图像常常会受到光照因素的影响而产生灰度变化,但在一个局部区域内,这种变化常常被视为是单调的,因此 LBP 在光照不均的人脸识别应用中也取得了很好的效果。

9.5.2 圆形邻域的 LBPpr 算子

基本 LBP 算子可以被进一步推广为使用不同大小和形状的邻域。采用圆形的邻域并结合双线性插值运算使我们能够获得任意半径和任意数目的邻域像素点。图 9.12 给出了一个半径为 2 的 8 邻域像素的圆形邻域,图中每个方格对应一个像素,对于正好处于方格中心的邻域点(左、上、右、下四个黑点),直接以该点所在方格的像素值作为它的值;对于不在像素中心位置的邻域点(斜 45°方向的 4 个黑点),通过双线性插值确定其值。

这种 LBP 算子记作 $\mathrm{LBP}_{P,R}$,下标中 P 表示 p 邻域,R 表示圆形邻域的半径。

如图 9.13 所示,位于图像中第 i 行和第 j 列的中心点(其灰度用 $I(i,j)$ 表示)和 8 个邻域点用大点标出,为计算左上角空心大黑点的值,需要利用其周围的 4 个像素点(4 个空心小黑点)进行插值。根据双线性插值方法,首先分别计算出两个十叉点 1 和 2 的水平插值,其中点 1 的值根据与之处于同一行的 $I(i-2,j-2)$ 以及 $I(i-2,j-1)$ 的线性插值得到:

$$value(1) = I(i-2,j-2) + (2-\sqrt{2}) \times$$
$$(I(i-2,j-1) - I(i-2,j-2)) \tag{9-14}$$

同理可计算出点 2 的值:

$$value(2) = I(i-1,j-2) + (2-\sqrt{2}) \times$$
$$(I(i-1,j-1) - I(i-1,j-2)) \tag{9-15}$$

再计算出点 1 和点 2 竖直线性插值:

$$\mathrm{Value} = value(1) + (2-\sqrt{2}) \times (value(2) - value(1)) \tag{9-16}$$

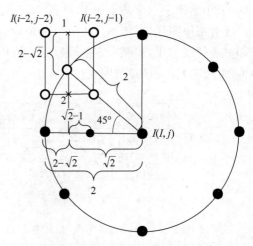

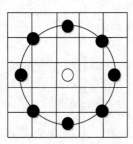

图 9.12　图形(8,2)邻域的 $\mathrm{LBP}_{8,2}$ 算子

图 9.13　通过双线性插值确定不在像素中心位置的邻域点(斜 45°方向的四个大点)的值

9.5.3 统一化 LBP 算子——Uniform LBP 及其 Python 实现

由于 LBP 直方图大多都是针对图像中的各个分区分别计算的,对于一个普通大小的分块区域,标准 LBP 算子得到的二进模式数目(LBP 直方图收集箱数目)较多,而实际位于该分块区域中的像素数目却相对较少,这将会得到一个过于稀疏的直方图,从而使直方图失去

统计意义。因此应设法减少一些冗余的 LBP 模式,同时又保留足够的具有重要描绘能力的模式。

1. 理论基础

正是基于以上考虑,研究者提出了统一化模式(uniform patterns)的概念,这是对 LBP 算子的又一重大改进。对于一个局部二进制模式,在将其二进制位串视为循环的情况下,如果其中包含的从 0 到 1 或者从 1 到 0 转变不多于两个,则称这个局部二进制模式为统一化模式。例如,模式 00000000(0 个转变),01110000(2 个转变)和 11001111(2 个转变)都是统一化模式,而模式 11001001(4 个转变)和 01010011(6 个转变)则不是。

统一化模式的意义在于:在随后的 LBP 直方图的计算过程中,只为统一化模式分配单独的直方图收集箱(bin),而所有的非统一化模式都被放入一个公用收集箱,这就使 LBP 特征的数目大大减少。一般来说,保留的统一化模式往往是反映重要信息的那些模式,而那些非统一化模式中过多的转变往往由随机噪声引起,不具有良好的统计意义。

假设图像分块区域大小为 18×20,像素总数为 360。如果采用 8 邻域像素的标准 LBP 算子,收集箱(特征)数目为 256 个,平均到每个收集箱的像素数目还不到 2 个(360/256),没有统计意义;而统一化 LBP 算子的收集箱数目为 59(58 个统一化模式收集箱加上 1 个非统一化模式收集箱),平均每个收集箱中将含有 6 个左右像素(360/59),更具统计意义。对 16 邻域像素而言,标准 LBP 算子和统一化 LBP 算子的收集箱数目分别为 65536 和 243。统一化 LBP 算子通常记作 $LBP_{P,R}^{M2}$。

2. Python 实现

为了解决二进制模式过多问题,并提高统计性,Ojala 提出了采用一种统一化模式来对 LBP 算子模式的种类进行降维。Ojala 等认为,在实际图像中,绝大多数 LBP 模式最多只包含两次从 1 到 0 或从 0 到 1 的跳变。因此,Ojala 将统一化模式定义为:当某个 LBP 所对应的循环二进制数从 0 到 1 或从 1 到 0 最多有两次跳变时,该 LBP 所对应的二进制就称为一个等价模式类。如 00000000(0 次跳变),00000111(只含一次从 0 到 1 的跳变),10001111(先由 1 跳到 0,再由 0 跳到 1,共两次跳变)都是等价模式类。除等价模式类以外的模式都归为另一类,称为混合模式类,例如 10010111(共四次跳变)。通过这样的改进,二进制模式的种类大大减少,而不会丢失任何信息。模式数量由原来的 2P 种减少为 P(P−1)+2 种,其中 P 表示邻域集内的采样点数。对于 3×3 邻域内 8 个采样点来说,二进制模式由原始的 256 种减少为 58 种,即:它把值分为 59 类,58 个 uniform pattern 为一类,依次从大到小排序;其他的所有值为第 59 类。这样直方图从原来的 256 维变成 59 维。这使得特征向量的维数更少,并且可以减少高频噪声带来的影响。

Uniform LBP 相应的代码如下:

```
import numpy as np
import cv2
import os

np.set_printoptions(threshold = 1e6)
def arry_58():
    l = np.zeros(58, dtype = int)
    m = []
```

```python
        a = -1
        for i in range(256):
            bit = '{:08b}'.format(i)                    # 二进制化
            arry = []                                   # 二进制生成数组
            count = 0                                   # 计数变化次数
            for x in range(len(bit)):                   # 把字符串变为数组方便统计变化次数
                arry.append(int(bit[x]))
            # print(arry)
            first = arry[0]                             # 数组第一个为 first,与之后的比较
            for j in range(1, len(arry)):
                if arry[j] != first:                    # 如果变化,计数单位加 1
                    count += 1
                    first = arry[j]                     # 并且把变化的值重新赋值
            # print(count)
            if count <= 2:                              # 如果变化次数小于 2,则依次排序
                a += 1
                # print(i)
                l[a] = i
        l = l.tolist()
        return l


def uniform_LBP(img):
    h, w = img.shape                                    # 图像的长和宽
    dst = np.zeros((h - 2, w - 2), dtype=img.dtype)     # 新建一张图
    # dst = np.zeros(img.shape, dtype=img.dtype)        # 新建一张图
    arry58 = arry_58()
    for i in range(1, h - 1):
        for j in range(1, w - 1):
            center = img[i][j]
            code = []
            count = 0
            code7 = img[i - 1][j - 1]
            if code7 >= center:
                code7 = 1
            else:
                code7 = 0
            code.append(code7)
            code6 = img[i - 1][j]
            if code6 >= center:
                code6 = 1
            else:
                code6 = 0
            code.append(code6)
            code5 = img[i - 1][j + 1]
            if code5 >= center:
                code5 = 1
            else:
                code5 = 0
            code.append(code5)
            code4 = img[i][j + 1]
            if code4 >= center:
                code4 = 1
            else:
```

```
                code4 = 0
        code.append(code4)
        code3 = img[i + 1][j + 1]
        if code3 >= center:
                code3 = 1
        else:
                code3 = 0
        code.append(code3)
        code2 = img[i + 1][j]
        if code2 >= center:
                code2 = 1
        else:
                code2 = 0
        code.append(code2)
        code1 = img[i + 1][j - 1]
        if code1 >= center:
                code1 = 1
        else:
                code1 = 0
        code.append(code1)
        code0 = img[i][j - 1]
        if code0 >= center:
                code0 = 1
        else:
                code0 = 0
        code.append(code0)
        LBP = code7 * 128 + code6 * 64 + code5 * 32 + code4 * 16 + code3 * 8 \
                + code2 * 4 + code1 * 2 + code0 * 1
        # print("LBP 值为: ",LBP)
        # print("8 位编码为: ",code)
        first = code[0]                          # 数组第一个为 first,与之后的比较
        for x in range(1, len(code)):
                if code[x] != first:             # 如果变化,计数单位加 1
                        count += 1
                        first = code[x]          # 并且把变化的值重新赋值
        # print("跳变次数",count)
        if count > 2:                            # 如果变化次数大于 2,则归为 59 类
                dst[i - 1][j - 1] = 58
        else:                                    # 否则,按原来的数计算
                loca = arry58.index(LBP)         # 获取位置
                dst[i - 1][j - 1] = loca
    return dst


if __name__ == '__main__':
img = cv2.imread(r'C:\Users\lenovo\Desktop\lena.jpg', 1)# 读取原始图像
# 读取原始图像转化成灰度图像
gray = cv2.imread(r'C:\Users\lenovo\Desktop\lena.jpg', cv2.IMREAD_GRAYSCALE)
    # print(gray.shape)
    a = uniform_LBP(gray)
    cv2.imshow('uniform_lbp', a)                 # 输出 Uniform LBP 图像
    cv2.imshow('origin_picture', img)            # 输出原始图像
    cv2.imwrite(r'C:\Users\lenovo\Desktop\1.png', a)  # 保存原始图像
cv2.waitKey(0)
```

上述程序的运行结果如图 9.14 所示。程序中首先定义了函数 arry_58(),将满足二进制模式中的 58 种统一化模式全部返回 1。然后定义函数 uniform_LBP(img),对一幅图像进行长和宽的提取,调用 arry_58()函数将图像内满足条件的值全部取 1,否则取 0,最后利用公式"LBP＝code7×128＋code6×64＋code5×32＋code4×16＋code3×8＋code2×4＋code1×2＋code0×1" 计算出图像 LBP 的值,接着把所有数组中变化次数大于 2 的数组,归结为 59 类,否则归结为前 58 类,并获取每一个 LBP 位置,返回归类结果。主函数中先读取原始图像 9.14(a),然后将原始图像进行灰度转化,获取相应的灰度图,调用 uniform_LBP(gray),得到灰度图的统一 LBP,最后输出 Uniform LBP 图像 9.14(b)和原始图像,并保存原始图像。

(a)原始图像　　　　　　　　(b) Uniform LBP图像

图 9.14　Uniform LBP 算子实现效果图

9.6　基于 Gabor 滤波器的图像纹理特征提取

Gabor 变换是一种短时加窗傅里叶变换(在特定时间窗内做傅里叶变换),是短时傅里叶变换中窗函数取为高斯函数时的一种特殊情况。因此,Gabor 滤波器可以在不同尺度、不同方向上提取频域相关的特征。Gabor 小波与人类视觉系统中简单细胞的视觉刺激响应非常相似。它在提取目标的局部空间和频率域信息方面具有良好的特性。由于 Gabor 滤波器的频率和方向的表达同人类视觉系统类似,所以经常被用来描述待识别对象的纹理特征。

9.6.1　二维 Gabor 滤波器函数的数学表达

数字图像处理的方法主要分为两大部分:空域分析法和频域分析法。空域分析法就是对图像矩阵进行处理;频域分析法是通过将图像从空域变换到频域,从另外一个角度分析图像的特征并进行处理。那么空域和频域如何转换呢?傅里叶变换是线性系统分析的有力工具,提供了一种把时域信号转换到频域进行分析的途径,从数字图像处理角度,傅里叶变换的物理意义是将图像的灰度分布函数变换为图像的频率分布函数。然而由于傅里叶变是信号在整个时域内的集分,因此是信号频率的统计特性,没有局部化分析信号的功能,应用在图像领域也同理。

为了解决简单傅里叶变换的缺点,D. Gabor 在 1946 年提出了 Gabor 变换。Gabor 变换的基本思想是把信号划分成许多小的时间间隔,用傅里叶变换分析每一个时间间隔,以便确定信号在该时间间隔存在的频率。在二维空间中,使用一个三角函数与一个高斯函数叠加,就得到了一个 Gabor 滤波器,其有在空间域和频率域同时取得最优局部化的特性,因此能够很好地描述对应空间与空间频率(尺度)、空间位置及方向的局部结构信息。在图像处理领域,Gabor 滤波器是一个用于边缘检测的线性滤波器。

其复数表达如式(9-17)所示。

$$g(x,y;\lambda,\theta,\psi,\sigma,\gamma)=\exp\left(-\frac{x'^2+\gamma^2 y'^2}{2\sigma^2}\right)\exp\left[i\left(2\pi\frac{x'}{\lambda}+\psi\right)\right] \tag{9-17}$$

实数部分可以对图像进行平滑滤波,如式(9-18)所示。

$$g(x,y;\lambda,\theta,\psi,\sigma,\gamma)=\exp\left(-\frac{x'^2+\gamma^2 y'^2}{2\sigma^2}\right)\cos\left(2\pi\frac{x'}{\lambda}+\psi\right) \tag{9-18}$$

虚数部分可以对图像做边缘检测,如式(9-19)所示。

$$g(x,y;\lambda,\theta,\psi,\sigma,\gamma)=\exp\left(-\frac{x'^2+\gamma^2 y'^2}{2\sigma^2}\right)\sin\left(2\pi\frac{x'}{\lambda}+\psi\right) \tag{9-19}$$

其中 $x'=x\cos\theta+y\sin\theta$, $y'=x\cos\theta+y\sin\theta$。

以上三个公式中,各个参数的含义如下:

波长(λ):表示 Gabor 核函数中余弦函数的波长参数。它的值以像素为单位制定,通常大于或等于 2,但是不能大于输入图像尺寸的 1/5。

方向(θ):表示 Gabor 核函数并行条纹的方向。有效值为 0°~360°的实数。

相位偏移(ψ):表示 Gabor 核函数中余弦函数的相位参数。它的取值范围为−180°~180°。其中,0°与 180°对应的方程与原点对称,−90°和 90°的方程关于原点成中心对称。

长宽比(γ):空间纵横比,决定了 Gabor 函数形状的椭圆率。当 $\gamma=1$ 时,形状是圆形;当 $\gamma<1$ 时,形状随着平行条纹方向而拉长。通常该值为 0.5。

带宽(b):Gabor 滤波器的半响应空间频率带宽 b 和 σ/λ 的比率有关,其中 σ 表示 Gabor 函数的高斯因子的标准差。三者的关系如式(9-20)、式(9-21)所示。

$$b=\log_2\frac{\frac{\sigma}{\lambda}\pi+\sqrt{\frac{\ln 2}{2}}}{\frac{\sigma}{\lambda}\pi-\sqrt{\frac{\ln 2}{2}}} \tag{9-20}$$

$$\frac{\sigma}{\lambda}=\frac{1}{\pi}\sqrt{\frac{\ln 2}{2}}\frac{2^b+1}{2^b-1} \tag{9-21}$$

其中,σ 的值不能直接设置,它仅随着带宽 b 变化。带宽值必须是正实数,通常为 1,此时,标准差和波长的关系为 $\sigma=0.56\lambda$。带宽越小,标准差越大,Gabor 形状越大,可见平行条纹数量越多。

9.6.2　利用 Gabor 滤波器提取纹理特征的原理

一幅图像中,不同的纹理一般具有不同的中心频率和带宽,根据这些频率和带宽就可以设计一组 Gabor 滤波器对图像的纹理进行滤波,每个 Gabor 滤波器只允许与其频率相对应的纹理顺利通过,从而可以在各个 Gabor 滤波器的输出结果中分析和提取纹理特征,用于之后的分类和分割任务,其实现步骤如下:

(1) 将输入图像分为 $n\times n$ 的图像块。

（2）建立一组 Gabor 滤波器：选择 4 个反向，6 个尺度，构成 24 个 Gabor 滤波器。

（3）每个 Gabor 滤波器分别与每个图像块在空域卷积，每个图像块可以得到 24 个 Gabor 滤波器输出，这些输出是与图像块同样大小的图像。

由于直接将步骤（3）作为特征向量，特征空间的维数会很大，所以每个图像块经过 Gabor 滤波器组的 24 个输出，需要压缩为一个 24×1 的列向量作为该图像块的纹理特征。

9.6.3 Python＋OpenCV 实现 Gabor 函数

利用 Python＋OpenCV 实现基于 Gabor 滤波的图像纹理特征提取，主要应用 OpenCV 中的两种库函数，OpenCV 提供了生成 Gabor 滤波器核的函数 cv2.getGaborkernel，其函数的调用语法为：

```
kern = cv2.getGaborKernel(ksize,sigma,theta,lambda,gamma,psi,ktype)
```

参数说明：

- ksize：表示内核大小，最好为奇数。
- sigma：表示 Gabor 滤波器中使用高斯函数的标准差。
- theta：表示 Gabor 核函数的平行条纹的方向。
- lambda：表示 Gabor 核函数中正弦函数的波长。
- gamma：表示空间纵横比，决定了 Gabor 函数形状的椭圆率。
- psi：表示相位偏移。
- ktype：表示 Gabor 核函数中每个像素可以保存值的类型和范围。

OpenCV 提供了卷积运算的函数 cv2.filter2D，其函数的调用语法为：

```
dst = cv2.filter2D(src,ddepth,kernel)
```

参数说明：

- src：原始图像。
- ddepth：目标函数的所需深度。
- kernel：卷积核（或相当于相关核）。

采用 Gabor 滤波对图像进行纹理提取的代码如下，其运行结果如图 9.15 所示。

```
import cv2
import numpy as np
import pylab as pl
#构建 Gabor 滤波器
def build_filters():
    filters = []
    ksize = [7,9,11,13,15,17]                    #Gabor 尺度,6 个
    lamda = np.pi/2.0                            #波长
    for theta in np.arange(0, np.pi, np.pi / 4): #Gabor 方向
            for K in range(6):
                kern = cv2.getGaborKernel((ksize[K], ksize[K]), 1.0, theta, \
                                    lamda, 0.5, 0, ktype = cv2.CV_32F)
                kern /= 1.5 * kern.sum()
```

```
                filters.append(kern)
            return filters
# Gabor 滤波过程
def process(img, filters):
    accum = np.zeros_like(img)              # 根据图像 img 形成一个全 0 矩阵
    for kern in filters:
        fimg = cv2.filter2D(img, cv2.CV_8UC3, kern)
        np.maximum(accum, fimg, accum)      # accum 和 fimg 比较
                                            # 取最大值,输出 accum

    return accum
# Gabor 特征提取
def getGabor(img, filters):
    res = []                                # 滤波结果 #
    for i in range(len(filters)):
        res1 = process(img, filters[i])
        res.append(np.asarray(res1))        # res 里增加 res1
pl.figure(2)
for temp in range(len(res)):
    pl.subplot(4, 6, temp + 1)
    pl.imshow(res[temp], cmap = 'gray')
pl.show()
return res                                  # 返回滤波结果,结果为 24 幅图,按照 Gabor 角度排列
img1 = cv2.imread(r'C:\Users\lenovo\Desktop\p8.jpg')
filters = build_filters()
process(img1, filters)
getGabor(img1, filters)
```

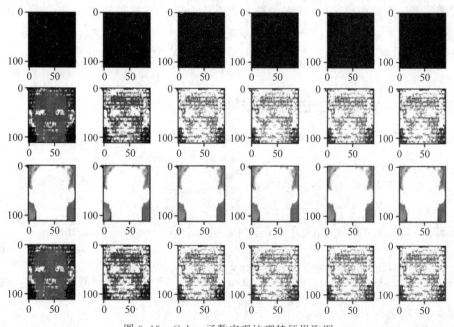

图 9.15　Gabor 函数实现纹理特征提取图

在图 9.15 中,第一行至第四行中,Gabor 核函数的平行条纹方向依次为 0°、45°、90°和 135°,第一列至第六列中,Gabor 核函数的内核大小依次为 7×7、9×9、11×11、13×13、15×15、17×17。

9.7　数据降维算法

数据降维就是指采用某种映射方法,将高维空间中的数据点映射到低维度的空间中。降维方法不同于回归、分类和聚类,它并不是用来做模型预测的,而是一种数据预处理方法。

数据降维的目的就是为了排除数据中的噪声并保留数据原有的隐含结构。有时候,原始数据的维度太高,若此时直接使用分类、回归等方法进行机器学习建模将非常困难,因为需要拟合的参数数目远大于训练样本的数目,这时就需要先将原始数据进行降维处理。其中主成分分析算法(Principal Component Analysis,PCA)是最为常见的降维方法。

9.7.1　PCA算法流程

对样本进行中心化,中心化如式(9-22)所示。

$$x_i = x_i - \frac{1}{m}\sum_i^m x_i \tag{9-22}$$

其中,x_i 为样本中每个数据的值,m 为样本中数据的数量。

计算中心化后样本的协方差矩阵 $\frac{1}{n}\boldsymbol{X}\boldsymbol{X}^\mathrm{T}$。其中 $\boldsymbol{X}$ 为进行中心化后的样本,n 为样本中数据的数量。

求协方差矩阵 $\frac{1}{n}\boldsymbol{X}\boldsymbol{X}^\mathrm{T}$ 的特征值和特征向量。

对特征值从大到小排序,选择其中最大的 k 个($k=$ 降维后的样本集维数),将其对应的 k 个特征向量分别作为行向量组成特征向量矩阵 $\boldsymbol{P}$。

执行 PCA 变换,PCA 变换如式(9-23)所示,其中 $\boldsymbol{X}$ 为进行中心化后的样本。

$$\boldsymbol{Y} = \boldsymbol{P}\boldsymbol{X} \tag{9-23}$$

9.7.2　使用PCA算法进行数据降维

采用 PCA 算法实现数据降维的代码如下:

```python
import numpy as np

def pca(X, k)
    n_samples, n_features = X.shape
    mean = np.array([np.mean(X[:, i]) for i in range(n_features)])   #求样本均值
    norm_X = X - mean                                                #对样本进行中心化
    scatter_matrix = np.dot(np.transpose(norm_X), norm_X)            #计算协方差矩阵
    eig_val, eig_vec = np.linalg.eig(scatter_matrix)                 #计算特征值和特征向量
    eig_pairs = [(np.abs(eig_val[i]), eig_vec[:, i]) for i in range(n_features)]
    eig_pairs.sort(reverse = True)
    feature = np.array([ele[1] for ele in eig_pairs[:k]])            #计算特征向量矩阵 P
```

```
    data = np.dot(norm_X, np.transpose(feature))        #执行 PCA 变换
    return data
X = np.array([[-1, 1], [-2, -1], [-3, -2], [1, 1], [2, 1], [3, 2]])   #设定样本 X
print(pca(X, 1))                                        #输出降维后的样本
```

上述程序实现了对数据 **X** 进行降维。数据 **X** 降维后的运行结果如下：

```
[[-0.50917706]
 [-2.40151069]
 [-3.7751606]
 [1.20075534]
 [2.05572155]
 [3.42937146]]
```

9.7.3 使用 PCA 算法对图片进行降维

本节使用两张来自于 ORL 人脸数据库的图片来演示使用 PCA 算法对人脸进行降维的效果。ORL 人脸数据库是一个专门用来验证研究人员所提出的人脸识别算法的数据库。该数据库含有 400 幅来自 40 个志愿者的人脸图像。该数据库中的图像经过统一的规格化处理，人脸的朝向、表情、光照的方向都差不多，而且每张图片的像素被统一设置成了 112×92。

一幅人脸图片往往由比较多的像素构成，如果以每个像素作为 1 维特征，将得到一个维数非常高的特征向量。高维特征向量含有很多的冗余信息将给后面的识别步骤造成困难，而且计算量很大。利用 PCA 算法可以在降低图片维度的同时在一定程度上去除原始特征各个维度之间的相关性和冗余信息。

采用 PCA 算法对人脸图像进行降维的代码如下：

```
import numpy as np
import cv2 as cv

#数据中心化
def Z_centered(dataMat):
    rows, cols = dataMat.shape              #读取矩阵的长度
    meanVal = np.mean(dataMat, axis = 0)    #按列求均值，即求各个特征的均值
    meanVal = np.tile(meanVal, (rows, 1))   #向 y 轴扩大 rows 倍
    newdata = dataMat - meanVal
    return newdata, meanVal

#协方差矩阵
def Cov(dataMat):
    meanVal = np.mean(data, 0)             #压缩行，返回 1 * cols 矩阵，对各列求均值
    meanVal = np.tile(meanVal, (rows, 1))  #返回 rows 行的均值矩阵
    Z = dataMat - meanVal
    Zcov = (1 / (rows - 1)) * Z.T * Z
```

```
        return Zcov

#最小化降维造成的损失,确定 k
def Percentage2n(eigVals, percentage):
    sortArray = np.sort(eigVals)              #升序
    sortArray = sortArray[-1::-1]             #逆转,即降序
    arraySum = sum(sortArray)
    tmpSum = 0
    num = 0
    for i in sortArray:
        tmpSum += i
        num += 1
        if tmpSum >= arraySum * percentage:
            return num


#得到最大的 k 个特征值和特征向量
def EigDV(covMat, p):
    D, V = np.linalg.eig(covMat)              #得到特征值和特征向量
    k = Percentage2n(D, p)                    #确定 k 值
    eigenvalue = np.argsort(D)
    K_eigenValue = eigenvalue[-1:-(k + 1):-1]
    K_eigenVector = V[:, K_eigenValue]
    return K_eigenValue, K_eigenVector


#得到降维后的数据
def getlowDataMat(DataMat, K_eigenVector):
    return DataMat * K_eigenVector


#重构数据
def Reconstruction(lowDataMat, K_eigenVector, meanVal):
    reconDataMat = lowDataMat * K_eigenVector.T + meanVal
    return reconDataMat


#PCA 算法
def PCA(data, p):
    dataMat = np.float32(np.mat(data))
    dataMat, meanVal = Z_centered(dataMat)    #数据中心化
    covMat = np.cov(dataMat, rowvar = 0)      #计算协方差矩阵
    D, V = EigDV(covMat, p)                   #得到最大的 k 个特征值和特征向量
    lowDataMat = getlowDataMat(dataMat, V)    #得到降维后的数据
    reconDataMat = Reconstruction(lowDataMat, V, meanVal)  #重构数据
    return reconDataMat


def main():
    imagePath1 = r'C:\Users\lenovo\Desktop\p1.png'
    imagePath2 = r'C:\Users\lenovo\Desktop\p2.png'
    image1 = cv.imread(imagePath1)
    image2 = cv.imread(imagePath2)
    image1 = cv.cvtColor(image1, cv.COLOR_BGR2GRAY)
    image2 = cv.cvtColor(image2, cv.COLOR_BGR2GRAY)
```

```
        reconImage1 = PCA(image1, 0.9)              # 对于图片 1 保留 90% 的主成分
        reconImage2 = PCA(image2, 0.8)              # 对于图片 1 保留 80% 的主成分
        reconImage1 = reconImage1.astype(np.uint8)
        reconImage2 = reconImage2.astype(np.uint8)
        cv.imshow('Original Image1', image1)
        cv.imshow('Original Image2', image2)
        cv.imshow('test1', reconImage1)
        cv.imshow('test2', reconImage2)
        cv.waitKey(0)
        cv.destroyAllWindows()
    if __ name __ == ' __ main __':
```

上述程序的运行结果如图 9.16 和图 9.17 所示。从图 9.16 和图 9.17 中可以看出，保留的主成分的百分比越少，降维后的结果图片的效果越模糊，但是该图片的维度也就越低，冗余信息也越少。

　　　　(a) 原图像　　　　　　　　　　　(b) 降维后结果

图 9.16　保留 90% 主成分的 PCA 降维结果图

　　　　(a) 原图像　　　　　　　　　　　(b) 降维后结果

图 9.17　保留 80% 主成分的 PCA 降维结果图

9.8　基于 LBP 特征的人脸识别

本节将应用前面学习过的局部二值模式(LBP)分别完成人脸识别任务。这 6 个任务属于图像识别的范畴，首先来介绍一下什么是图像识别。

9.8.1 图像识别

图像识别属于模式识别的一个分支。模式泛指一切随机和确定的事物、物体或者事件。模式识别是对这些随机和确定的事物、物体或者事件进行分类、识别、分析、理解和预测的过程。将模式识别方法应用于图像处理领域，对图像进行分类和识别的过程即为图像识别。下面通过一个生活中的例子来说明图像识别中几个重要的概念。王老师管理的班级在新学期将有 20 名同学入学。在学生入学之前，老师通过学生学籍卡上的照片以及学生社交网络上的照片记住了这 20 名同学的外貌特征。在开学之后，王老师见到每个同学就能马上叫出该同学的名字。那么在王老师通过照片记住同学长相并识别出是哪位同学的过程中出现了几个关键的概念。

特征：一种模式区别于另外一种模式的本质特点或者特性，可以通过数据处理从模式中抽取出来。在王老师的班级里，每个同学都有特征，例如戴眼镜、高鼻梁等。

类：具有相同特征的模式的集合，一般具有相同的来源。在王老师的班级里面，每个同学的所有照片集合就是一个类。这些照片有相同的特征例如戴眼镜，高颧骨等。这些照片具有相同的来源——都属于同一名同学。

类标签：用来标识类的名字。在这里学生的姓名和学号就是类的标签。

分类器：为了进行分类或者识别而建立起来的一种数学模型，在进行分类和识别任务前需要先用训练样本训练分类器。可以将王老师比作一个分类器，他使用学生照片训练了自己，并在见到学生时准确认出了学生，即将学生分成正确的类别。

训练样本：一些类别已知的样本，用于训练分类器。在这个例子中学生学籍卡上的照片以及学生社交网络上的照片都属于训练样本。因为已经知道这些照片属于那个学生，即这些照片的类别已知，且王老师看这些照片的过程就是训练分类器的过程。

9.8.2 基于局部二值模式的人脸识别

人脸识别程序中使用了 ORL 人脸数据库。ORL 人脸数据库是一个常用的测试人脸识别算法的标准数据库。该人脸数据库含有 40 个志愿者的共 400 张人脸图片，每个人 10 张图片。也就是该数据库共有 40 个类别，每个类别含有 10 张样本。为简单起见，我们这里仅使用了 ORL 数据库的前两个志愿者的图片，即人脸识别的类别个数为 2。我们将这两个照片类的类标签分别命名为 person1 和 person2。我们使用的人脸图片如图 9.18 所示。

(a) 第一个志愿者的照片

(b) 第二个志愿者的照片

图 9.18 ORL 人脸数据库中前两个志愿者的照片

我们使用前面介绍过的局部二值模式(LBP)提取人脸特征。将这 20 张图片作为训练样本训练分类器,即我们 LBP 算法提取这 20 张图片的特征并训练分类器。之后,我们随机选择每个志愿者的 1 张人脸照片使用训练好的分类器进行人脸识别。

9.8.3　人脸识别代码实现

我们要实现的人脸识别系统分为三个步骤,第一步是图片的读取,第二步是图片的特征提取和分类器的训练,第三步选择一个人脸图片并识别。两个志愿者的 20 张图片分别保存在 person1 和 person2 两个文件夹中。为了读取这两个文件夹中的图片,我们使用了 Python 提供的 os. listdir(path)函数。其中,path 为该函数的参数,为用户指定的路径。该函数返回当前路径 path 下指定路径下的文件和文件夹列表。通过遍历 listdir 返回的列表,我们可以获取当前路径 path 下的文件。

为了读取图片信息,定义了函数 walk_dir。该函数首先获取人脸图片保存路径中的文件列表。在 for 循环中,通过判断文件的扩展名是否为.jpg 来判断是否为所要的人脸图片。将所读取的人脸图片数据追加到 gray 这个 list 变量中,同时该人脸图片的标签被追加到 labels 这个 list 变量中。两个人脸的标签分别为 person1 和 person2。

```
import cv2
import numpy as np
import os

faces = []                              #人脸
labels = []                             #标签
labels_index = 1
names = {}                              #标签到姓名的映射

#搜索目录内人脸图片并读取
def walk_dir(dir_name):
    global labels_index
    files = os.listdir(dir_name)        #获取目录内人脸文件
    for file in files:
        if not file.endswith(".jpg"):
            continue
        image_path = dir_name + "/" + file   #获取人脸文件路径
        print("Process file " + image_path)
        gray = cv2.imread(image_path)    #读取人脸文件
        faces.append(gray)
        labels.append(labels_index)

    names[labels_index] = dir_name       #添加名称映射
    labels_index += 1

walk_dir("person1")                      #获取人脸数据1
walk_dir("person2")                      #获取人脸数据2
```

OpenCV 为用户提供了用于人脸识别 FaceRecognizer 类。有三种方法可以创建这个类。使用 createEigenFaceRecognizer 创建 FaceRecognizer 类。这种方法使用 Eigenface 算法提取人脸特征。使用 createFisherFaceRecognizer 创建 FaceRecognizer 类。这种方法使用 FisherFace 算法提取人脸特征。使用 createLBPHFaceRecognizer 创建 FaceRecognizer 类，这种方法使用 LBP 算法提取人脸特征。FaceRecognizer 类含有两个方法，train 和 predict，即前者用于训练分类器模型，后者用于使用训练好的分类器模型进行分类。在下面的代码中，使用了 createLBPHFaceRecognizer 创建 FaceRecognizer 类，即使用 LBP 算法提取人脸特征。之后，使用 FaceRecognizer 类的 train 方法训练并得到一个分类器模型。我们将人脸数据和人脸数据对应的标签作为 train 方法的两个参数。

```
＃创建 LBP 识别器并开始训练
print("training…..")
face_recognizer = cv2.face.LBPHFaceRecognizer_create()
face_recognizer.train(faces, np.array(labels))
```

在得到了分类器模型之后，我们在两个人脸类别中各选择了一张图片进行人脸识别。识别的结果如图 9.19 所示。两个类别的人脸都能正确识别。

```
＃根据给定的(x,y)坐标标识出人名
def draw_text(img, text, x, y):
    cv2.putText(img, text, (x, y), cv2.FONT_HERSHEY_COMPLEX, 0.6, (128, 128, 0), 2)

＃人脸识别
def predict(test_img):
    gray = test_img.copy()                          ＃生成图像的副本
    label = face_recognizer.predict(gray)           ＃预测人脸
    label_text = names[label[0]]                    ＃获取名字
    draw_text(img, label_text, 0, test_img.shape[0] - 5)   ＃打印名字
    return img, label_text

＃加载测试图像
test_img1 = cv2.imread("person1/7.jpg")
test_img2 = cv2.imread("person2/3.jpg")
＃执行预测
print("Perdict test_img1")
predicted_img1, name1 = predict(test_img1)
print("Perdict test_img2")
predicted_img2, name2 = predict(test_img2)
＃显示两幅图像
cv2.imshow(name1, predicted_img1)
cv2.imshow(name2, predicted_img2)
cv2.waitKey(0)
cv2.destroyAllWindows()
```

(a) 第一类　　　　　　　　　(b) 第二类

图 9.19　人脸识别结果

## 第 10 章

深度学习与图像处理

本章学习目标
- 了解人工神经网络的基本结构
- 掌握卷积神经网络的结构等基础知识
- 掌握两种常用的深度学习框架
- 掌握使用深度学习框架完成手写字体识别的实例

本章介绍了神经网络的组成结构、优化方法以及当今流行的两个深度学习框架 TensorFlow 和 PyTorch 的使用方法,并基于这两个深度学习框架分别实现了一个手写字体识别的实例。

10.1 人工神经网络基本结构

在探索模式识别和机器学习的道路上,科学家们曾做过各种尝试,其中就有类似本书第 9 章"图像的特征提取"所介绍的基于事物特征的分类和识别方法。本章介绍的是另外一种方法,这种方法是想要用计算机来模仿人类的神经系统来完成模式识别和机器学习的任务。因为人类的神经网络是互相连接在一起的,这种流派也被称为连接主义学习。本节将学习人工神经网络的发展历程与结构等知识。

10.1.1 感知机与人工神经网络

首先,让我们来回忆一下生物知识。神经元是神经系统的组成单位,由三个部分构成:中间是细胞体,细胞体周围有一些较短的树突用来接收其他神经元传递来的信号,还有一条长长的轴突用来将信号传递给下一个神经元。

神经元在接收到所有树突传递过来的信号后,会产生一系列化学反应,在信号反应达到一定强度后通过轴突将信号传递给下一个神经元。根据这一结构,美国学者 Frank Rosenblatt 在 1957 年提出了感知机模型,感知机由以下三部分构成:

- 输入:包括信号的输入和权重。
- 求和:将输入进行求和。
- 激活函数:根据求和的结果决定输出的值。

图 10.1 是一个感知机的例子。x_1、x_2 是输入信号,y 是输出信号,w_1、w_2 是权重(Weight)。图中的每一个圆圈称为"神经元"或者"节点"。输入信号被送往神经元时,首先会被分别乘以固定的权重(w_1、w_2)后再加上一个偏置 b。下一个神经元会计算传送过来的信号的总和,

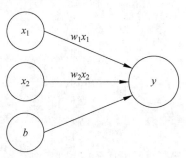

图 10.1 接收两个输入的感知机

在结果大于 0 时,才会输出 1,否则输出 0。在输出 1 时就称作这个神经元被激活了。

图 10.1 用数学公式表示就是:

$$y = \begin{cases} 0 & w_1x_1 + w_2x_2 + b \leqslant 0 \\ 1 & w_1x_1 + w_2x_2 + b > 0 \end{cases} \tag{10-1}$$

将权重 w 和偏置 b 设为合适的值,就可以用这个公式表示逻辑运算中的与门,例如以下代码:

```python
def  AND(x1, x2):
  x = np.array([x1, x2])
  w = np.array([0.5, 0.5])
  b = - 0.7
  tmp = np.sum(w * x) + b
  if tmp <= 0:
      return 0
  else:
      return 1
```

代码可以实现以下输入输出结果,如表 10.1 所示。

表 10.1　与门的输入输出

x_1	x_2	输出
0	0	0
1	0	0
0	1	0
1	1	1

但是,在面对更复杂一些的问题时,用一层感知机就不能解决了,例如异或门就不能用一层感知机来实现。因为使用一层感知机只能表示线性的空间,而异或门是一个非线性的问题,解决这类问题需要使用多层感知机。人工神经网络就是基于这样的思想被创造出来的。如图 10.2 就是一个由多层感知机构成的神经网络:最左边的一列神经元称为输入层,最右边的一列称为输出层,中间的一列带有权重和偏置,称为中间层或隐藏层。这个例子中只含有一层隐藏层,在更复杂的网络中会包含很多隐藏层。

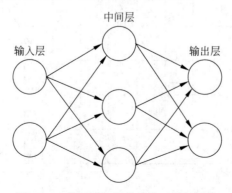

图 10.2　多层感知机构成人工神经网络

10.1.2 激活函数

我们把上一小节中的与门公式换一种写法,引入函数 $h(x)$,则原式可改写为 $y=h(w_1x_1+w_2x_2+b)$。$h(x)$ 函数会将输入信号的总和转换为输出信号,这种函数称为激活函数 (Activation Function)。激活函数的作用就在于决定如何来处理输入信号的总和。

在神经网络中常被用作激活函数的有两种:

1. Sigmoid 函数

$$h(x)=\frac{1}{1+\exp(-x)} \tag{10-2}$$

式(10-2)中的 $\exp(-x)$ 表示 $e^{(-x)}$。函数图像如图 10.3 所示。

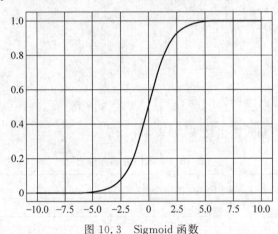

图 10.3 Sigmoid 函数

由函数的图像可知函数的值域为 $(0,1)$,它可以将输出结果映射到 $(0,1)$ 的区间,很适合作为二分类函数。

2. ReLU 函数

$$h(x)=\begin{cases} x & (x>0) \\ 0 & (x\leqslant 0) \end{cases} \tag{10-3}$$

全称为 Rectified Linear Unit,函数图像如图 10.4 所示。

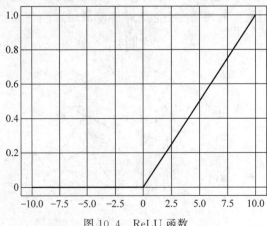

图 10.4 ReLU 函数

在神经网络发展的过程中,Sigmoid 函数在早期被广泛使用,而在最近的研究中则主要使用 ReLU 函数与它的变种,例如 Leaky ReLU 函数、ELU 函数、PReLU 函数等,这些函数是在 ReLU 函数自变量小于 0 的部分做了一些细微的改变,例如有了一个微小的斜率而不是直接等于 0。

神经网络的激活函数必须使用非线性函数。如果使用线性函数的话,加深神经网络的层数就没有意义了。线性函数的问题在于,不管如何加深层数,总是存在与之等效的"无隐藏层的神经网络"。例如我们把线性函数 $h(x)=cx$ 作为激活函数,把 $y(x)=h(h(h(x)))$ 的运算对应为 3 层的神经网络。这个运算会进行 $y(x)=c \cdot c \cdot c \cdot x$ 的乘法运算,但是同样的运算可以由 $y(x)=c^3 \cdot x$ 这一次运算(即没有隐藏层的神经网络)来代替。这样,加深神经网络的层数就没有意义了。因此,为了发挥加深层数所带来的优势,激活函数必须使用非线性函数。只有使用非线性激活函数,再通过加深神经网络层数才能达到所谓的"深度学习"的目的。

10.1.3　输出函数

我们使用神经网络所解决的最常见问题是判断输入属于哪个类别,此时输出层使用 Softmax 函数:

$$y_k = \frac{\exp(a_k)}{\sum\limits_{i=1}^{n} \exp(a_i)} \tag{10-4}$$

式(10-4)假设输出层共有 n 个神经元,即共有 n 个类别时,计算第 k 个神经元的输出,即输入数据属于 k 类的概率。分子是输入信号 a_k 的指数函数,分母是所有输入信号的指数和。函数的所有输出结果之和为 1,每一个输出结果是 0.0 到 1.0 的实数,代表输入属于此类的概率。

输出层的神经元数量需要根据待解决的问题来决定。对于分类问题,输出层的神经元数量一般设定为类别的数量。例如在手写字体识别问题中,需要将输入分为 0~9 共 10 类,此时就将输出层的神经元设定为 10 个。

10.2　神经网络的学习

在表示与门的简单神经网络中,由于参数量很少,我们手动设置了权重 w 与偏置 b 的值。但是在实际使用中的神经网络可能多达几百层,参数的数量不可估量,此时再手动设置各个参数是一个不可能完成的任务。而神经网络的一大特点就是能够从训练数据中自动获取并不断修正网络中的参数,这个过程称为神经网络的学习。

10.2.1　训练数据与测试数据

机器学习中,一般将数据分为训练数据和测试数据两部分。首先,使用训练数据进行学习,寻找最优的参数;然后,使用测试数据对训练得到的网络进行测试。之所以将数据分为两部分是为了追求神经网络的泛化能力。泛化能力是指能够处理不包含在训练数据中的其他数据的能力。如果仅仅用一个数据集去学习和评价参数,是无法进行正确评价的。可能造成的结果是：对某个数据集的识别能力很高，但当用这个网络处理其他数据集时识别能力就会严重下降。这种只对某个数据集过度拟合的状态称为过拟合（Over Fitting）。避免过拟合是机器学习的一个重要课题。

10.2.2　损失函数

神经网络的学习过程中需要以某个指标为基准来寻找最优权重参数，这个基准称为损失函数（Loss Function）。损失函数表示了神经网络性能的"恶劣程度"，可以理解为在当前参数下神经网络的"错误率"。在神经网络的学习过程中，就是在寻找使损失函数的值尽可能小的参数。此时需要计算损失函数对某个参数的导数（梯度），然后以这个导数为指引，逐步更新参数的值。常用的损失函数有两种：

1. 均方误差

$$E = \frac{1}{2}\sum_k (y_k - t_k)^2 \tag{10-5}$$

式中，y_k 表示神经网络的输出，t_k 表示标签数据，k 是数据的维度，前面的 1/2 是为了方便求导。例如在手写数据识别中，某个输入数据经过 softmax 函数输出的结果为：

$$y = [0.1, 0.05, 0.6, 0.0, 0.05, 0.1, 0.0, 0.1, 0.0, 0.0]$$

数组元素依次表示判断输入为数字 0,1,2,3,… 的概率。标签数据的形式为：

$$t = [0, 0, 1, 0, 0, 0, 0, 0, 0, 0]$$

只将正确解标签的位置设为 1，其他均设为 0。这里表示标签"2"的位置是 1，表示输入数据的正确解是"2"。这种将正确解标签表示为 1，其他标签表示为 0 的表示方法称为 one-hot 表示。在输出 y 中概率最大的 0.6 对应的位置正是数字 2，说明神经网络这次的分类判断是正确的。

2. 交叉熵误差

$$E = -\sum_k t_k \ln y_k \tag{10-6}$$

式中，ln 表示以 e 为底数的自然对数，y_k 是神经网络的输出，t_k 是正确解标签，只有正确解的标签为 1，其他均为 0（one-hot 表示）。因此式（10-6）实际上只在正确解标签位置处进行计算。比如正确解标签的索引是"2"，与之对应的神经网络的输出是 0.6，则交叉熵误差是 $-\ln 0.6 = 0.51$；若"2"对应的输出是 0.1，则交叉熵误差为 $-\ln 0.1 = 2.30$。也就是说，交叉熵误差的值是由正确解标签所对应的输出结果决定的，如果正确解标签对应的输出较大，则交叉熵损失小，反之亦然。

在实际使用中，数据量可能会有几百万、几千万之多，这种情况下以全部数据为对象计算损失函数是不现实的。因此，神经网络的学习也是从训练数据中选出一批数据（称为 mini-batch），然后对每个 mini-batch 进行学习。例如每次从 60000 个训练数据中随机选择 100 个来计算损失函数。这种学习方式称为 mini-batch 学习。

10.2.3　梯度下降法

机器学习的主要任务是在学习时寻找使得损失函数取最小值时的参数。但是一般而言，损失函数很复杂，参数空间庞大，我们不知道它在何处能取得最小值。解决这个问题常用的方法是梯度下降法。梯度表示的是在这一点处函数值减小最多的方向,即沿着它的方向能够最大限度地减小函数值。在机器学习中,计算梯度来寻找损失函数最小值的方法称为梯度下降法(Gradient Descent Method,GDM)。神经网络经过各节点的计算后输出结果称为一次正向传播,经过一次正向传播后计算出损失函数并根据损失函数关于各参数的梯度来自动更新参数的值,这一过程称为反向传播。神经网络的学习就是经过多次正向反向传播自动更新参数使得损失函数达到最小的过程。

具体到神经网络中的梯度是指损失函数关于权重 W 的梯度。例如,神经网络的权重矩阵形状为 2×3,损失函数用 L 表示。此时,梯度如下所示:

$$W = \begin{pmatrix} w_{11} & w_{12} & w_{13} \\ w_{21} & w_{22} & w_{23} \end{pmatrix} \tag{10-7}$$

$$\frac{\partial L}{\partial W} = \begin{pmatrix} \dfrac{\partial L}{\partial w_{11}} & \dfrac{\partial L}{\partial w_{12}} & \dfrac{\partial L}{\partial w_{13}} \\ \dfrac{\partial L}{\partial w_{21}} & \dfrac{\partial L}{\partial w_{22}} & \dfrac{\partial L}{\partial w_{23}} \end{pmatrix} \tag{10-8}$$

$\dfrac{\partial L}{\partial w_{11}}$ 表示当权重 w_{11} 发生改变时会对损失函数 L 造成多大的影响。

在学习过程中,随机选择一个小批次的数据,沿梯度方向更新参数,并重复这个步骤多次,从而逐渐靠近最优参数。因为梯度的方向取决于随机选取出的批次数据的梯度方向,因此这个过程称为随机梯度下降法(Stochastic Gradient Descent,SGD)。用式(10-9)表示为:

$$W \leftarrow W - \eta \frac{\partial L}{\partial W} \tag{10-9}$$

式中的 η 表示学习率,是一个超参数。每一次学习会用右边的结果更新原先的权重 W。SGD 方法实现简单,但效率比较低。针对这个问题有一些优化方法,例如:

1. 动量

动量(Momentum)用公式表示为:

$$v \leftarrow av - \eta \frac{\partial L}{\partial W} \tag{10-10}$$

$$W \leftarrow W + v \tag{10-11}$$

式中新出现的变量 v 就是动量。动量在物理中表达了物体在梯度方向上受到一个力的作用,并在这个力的作用下,物体的速度增加这一法则。在神经网络中的动量 v 表达了以往的权重 W 对现在的影响。在使用了 Momentum 方法后,如果当前梯度与上次梯度方向相同,则增加权重更新,否则就减少梯度更新。

2. AdaGrad

在神经网络的学习中,学习率(数学式中记为 η)的值很重要。学习率过小,会导致学习花费过多时间;反过来,学习率过大,则会导致学习发散而不能正确进行。在关于学习率的有效技巧中,有一种被称为学习率衰减(Learning Rate Decay)的方法,即随着学习的进行,使学习率逐渐减小。实际上,一开始"多"学,然后逐渐"少"学的方法,在神经网络的学习中经常被使用。

逐渐减小学习率的想法,相当于将"全体"参数的学习率值一起降低。而 AdaGrad 进一步发展了这个想法,针对每一个参数,赋其"定制"的值。公式表示为:

$$h \leftarrow h + \frac{\partial L}{\partial \boldsymbol{W}} \odot \frac{\partial L}{\partial \boldsymbol{W}}$$

$$\boldsymbol{W} \leftarrow \boldsymbol{W} - \eta \frac{1}{\sqrt{h}} \frac{\partial L}{\partial \boldsymbol{W}} \tag{10-12}$$

$$h \leftarrow h + \frac{\partial L}{\partial \boldsymbol{W}} \odot \frac{\partial L}{\partial \boldsymbol{W}}$$

$$\boldsymbol{W} \leftarrow \boldsymbol{W} - \eta \frac{1}{\sqrt{h}} \frac{\partial L}{\partial \boldsymbol{W}} \tag{10-13}$$

式中的 h 保存了以前的所有梯度值的平方和。在更新参数时,元素中变动较大(被大幅更新)的元素的学习率将变小。

现在常用的一种优化方法为结合了 Momentum 与 AdaGrad 的 Adam 方法。

10.2.4 正则化

机器学习的问题中,过拟合是一个很常见的问题。过拟合指的是只能拟合训练数据,但不能很好地拟合不包含在训练数据中的其他数据的状态。机器学习的目标是提高泛化能力,即便是没有包含在训练数据里的未观测数据,也希望模型可以进行正确的识别。抑制过拟合的方法称为正则化方法。常用的正则化方法有:

1. 权值衰减

权值衰减是一种经常被使用的一种抑制过拟合的方法。该方法通过在学习的过程中对大的权重进行惩罚,来抑制过拟合。因为很多过拟合原本就是因为权重参数取值过大才发生的。

神经网络的学习目的是减小损失函数的值,在学习时假如为损失函数加上权重的 $L2$ 范数就可以抑制权重变大。将权重记为 $\boldsymbol{W}$,$L2$ 范数的权值衰减就是 $\lambda \omega^2$,将这个值加到损失函数上。参数 λ 是控制正则化强度的超参数。λ 设置得越大,对大的权重施加的惩罚就越重。

2. Dropout

Dropout 是一种在学习的过程中随机删除神经元的方法。训练时,随机选出隐藏层的神经元,然后将其删除,被删除的神经元不再进行信号的传递。前面提到的当前层的每一个神经元都与下一层的全部神经元相连的网络结构称为全连接层(Fully Connected Layers, FC 层),如图 10.5(a)所示。在训练时,每传递一次数据,就会随机选择要删除的神经元,如图 10.5(b)所示。在测试时,会传递所有的神经元信号,但是对于各个神经元的输出,要乘

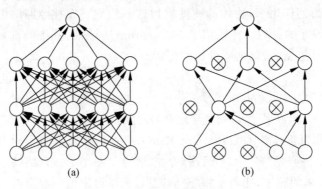

图 10.5　全连接层与 Dropout

上训练时的删除比例后再输出。可以将 Dropout 理解为在每次学习过程中随机删除神经元,从而每次都使用了不同的模型进行学习,因此抑制了网络的过拟合。

10.3　卷积神经网络

卷积神经网络(Convolutional Neural Networks)是重要的深度学习模型之一,是一种前馈神经网络,常用来分析视觉图像。其实卷积神经网络早在很多年前就已经被发明了,但受到当时计算能力的限制一直没有引发太大的关注。对卷积神经网络的研究始于 20 世纪 80 至 90 年代,时间延迟网络和 LeNet-5 是最早出现的卷积神经网络。直到近年,随着计算机硬件性能的提高与大数据时代的到来,使得计算大量数据成为可能。在 2012 年的 ImageNet 图像分类大赛中,使用了卷积神经网络结构的 AlexNet 夺得了当年的冠军,一举引发了卷积神经网络的热潮,在此之后的冠军也一直由各种卷积神经网络结构霸榜。直到今天,卷积神经网络仍然是图像处理,自然语言处理等方面的最有力工具。

一个常见的卷积神经网络往往由卷积、激活函数、池化、全链接等部分组成。其中激活函数的相关知识已经在前面的小节介绍完毕,下面对于卷积、池化、全链接等部分进行详细的介绍。

10.3.1　卷积

之前介绍的神经网络中使用了全连接层,在全连接层中,相邻层的神经元全部连接在一起,输出的数量可以任意决定。全连接层存在一个问题,那就是数据的形状被忽视了。比如,当输入数据是图像时,图像通常是宽度、高度、通道方向上的 3 维形状;但是,向全连接层输入时,需要将 3 维数据拉平为 1 维数据。图像是 3 维形状,这个形状中应该含有重要的空间信息。比如,空间上邻近的像素应该为相似的值、相距较远的像素值相差较大、RBG 的各个通道之间有密切的关联性等,3 维形状中可能隐藏有值得提取的本质模式。但是,因为全连接层会忽视形状,将全部的输入数据作为同一维度的神经元处理,所以无法利用与形状相关的信息。

而卷积层可以保持形状不变。当输入数据是图像时,卷积层会以 3 维数据的形式接收输入数据,并同样以 3 维数据的形式输出至下一层。因此,在图像处理中使用卷积神经网络(Convolutional Neural Network,CNN)可以提取到图像的空间特征。在 CNN 中,将输入数据称为输入特征图(Input Feature Map),输出数据称为输出特征图(Output Feature Map)。

卷积层进行的处理就是卷积运算。卷积运算相当于图像处理中的"滤波器运算"。请看图 10.6 中所示的例子:

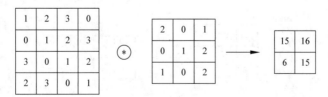

图 10.6　卷积操作

示例中的输入数据可以看作是一个 4×4 分辨率的图像,选用了一个大小为 3×3 的滤波器(Filter),或者称为卷积核(Kernel),得到了一个 2×2 的结果。具体过程如图 10.7 所示。

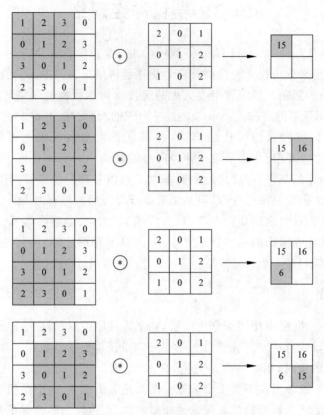

图 10.7　卷积操作的分步示例

对于输入数据,卷积运算以一定间隔滑动滤波器的窗口并进行计算,这里所说的窗口是指图中灰色的 3×3 的部分。如图 10.7 所示,第一步中窗口在输入图像的左上角,将滤波器中的元素和输入图像的对应位置元素相乘,然后再求和(乘积累加运算),得到输出结果的左上角第一个元素。之后窗口向右移动一格,再进行对应位置相乘累加操作,直到将这个过程在所有位置都进行一遍,就可以得到卷积运算的输出。窗口每次移动的格数称为步长(Stride)。

CNN 中,滤波器的参数就对应之前全连接网络的权重。并且,CNN 中也存在偏置,这个值会被加到应用了滤波器的所有元素上,具体过程如图 10.8 所示。

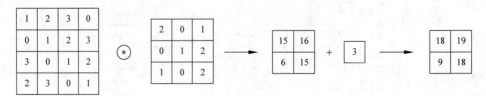

图 10.8　带有偏置的卷积

10.3.2　填充

在进行卷积层的处理之前,有时要向输入数据的周围填入固定的数据(一般为0),这称为填充(Padding)。比如,在图 10.9 所示的例子中,对大为 4×4 的输入数据应用了幅度为 1 的填充。"幅度为 1 的填充"是指用幅度为 1 像素的 0 填充输入图像的周围。通过填充,大小为 4×4 的输入数据变成了 6×6 的形状,在应用大小为 3×3 的滤波器进行卷积后,生成了大小为 4×4 的输出数据。

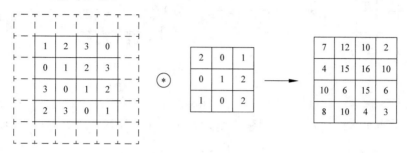

图 10.9　带有填充的卷积

使用填充主要是为了调整输出的大小。比如,对大小为 4×4 的输入数据应用 3×3 的滤波器时,输出大小变为 2×2,相当于输出大小比输入大小缩小了 2 个元素。这在反复进行多次卷积运算的深度网络中会成为问题。如果每次进行卷积运算都会缩小数据空间,那么在某个时刻输出大小就有可能变为 1,导致无法再应用卷积运算。为了避免出现这样的情况,就要使用填充。在刚才的例子中,将填充的幅度设为 1,那么相对于输入大小 4×4,输出大小也保持为原来的 4×4。因此,卷积运算就可以在保持空间大小不变的情况下将数据传给下一层。

输入数据的大小、滤波器的大小、填充大小、步长大小都会影响输出结果的大小。假设输入数据的高度、宽度分别为 (H,W),滤波器高度、宽度为 (FH,FW),输出高度、宽度为 (OH,OW),填充为 P,步幅为 S。此时,输出高度、宽度可通过以下公式计算:

$$OH = \frac{H + 2P - FH}{S} + 1 \tag{10-14}$$

$$OW = \frac{W + 2P - FW}{S} + 1 \tag{10-15}$$

10.3.3　池化

池化(Pooling)是缩小高、宽方向上的空间的运算。比如,图 10.10 所示的例子,将每个 2×2 的区域内元素简化为 1 个元素,缩小了空间大小。

例子中是按步长为 2,窗口大小为 2×2 进行 Max 池化时的处理过程。"Max 池化"是获取最大值的运算,每一次从输入数据中大小为 2×2 的窗口内取最大值作为输出。一般来说,池化的窗口大小会和步长设定成相同的值。比如,3×3 的窗口的步幅会设为 3,4×4 的窗口的步幅会设为 4 等。

除了 Max 池化之外,还有 Average 池化等。Max 池化是从目标区域中取出最大值,Average 池化则是计算目标区域的平均值。在图像处理领域,主要使用 Max 池化。因此在

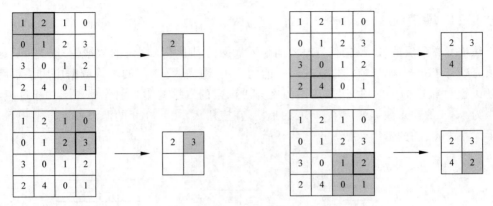

图 10.10   池化操作

未进行特殊说明时,本书所说的池化都是指 Max 池化。池化对输入数据的微小偏差具有健壮性。因为是取最大值作为输出,当输入数据发生微小偏差时,池化仍可能会返回相同的结果。

10.3.4   三维卷积

之前的卷积运算的例子都是以只有高、宽方向的 2 维形状为对象的。但是,图像除了高、宽方向之外,还需要处理通道方向。例如一幅彩色图像会具有 RGB 的 3 通道数据,和 2 维数据时相比,纵深方向(通道方向)上特征图增加了。通道方向上有多个特征图时,会按通道进行输入数据和滤波器的卷积运算,并将结果相加,从而得到输出,具体操作如图 10.11 所示。

在 3 维数据的卷积运算中,输入数据和滤波器的通道数要设为相同的值。在这个例子中,输入数据和滤波器的通道数均为 3。滤波器大小可以设定为任意值,但是每个通道的滤波器大小要全部相同。

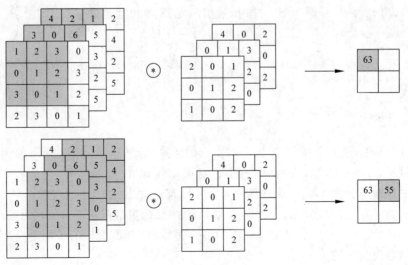

图 10.11   3 通道卷积

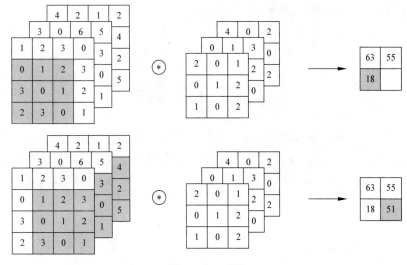

图 10.11　（续）

将输入数据和滤波器想象为立方体，3 维数据的卷积运算会很容易理解。通道数为 C、高度为 H、宽度为 W 的数据的形状可以写成 (C,H,W)。通道数为 C、滤波器高度为 FH（Filter Height）、长度为 FW（Filter Width）时，可以写成 $(C,\mathrm{FH},\mathrm{FW})$。进行一次卷积时，可以表示为图 10.12。

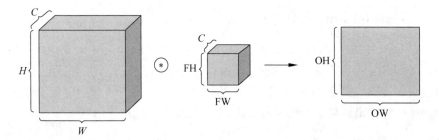

图 10.12　立体表示 3 维卷积

在这个例子中，输出的是通道数为 1 的特征图。如果想要在通道方向上也拥有多个输出，即让输出数据成为多通道，就需要用到多个滤波器。可表示为图 10.13。

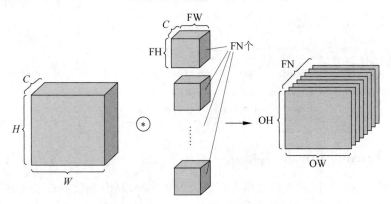

图 10.13　使用多个滤波器输出多通道数据

通过应用FN个滤波器,输出特征图也生成了FN个。如果将这FN个特征图汇集在一起,就得到了形状为(FN,OH,OW)的方块,本层网络将这个方块传给下一层网络继续处理。

10.4　深度学习框架

前面我们介绍了神经网络的基本组成结构,例如权重、偏置、卷积、池化等,但是在实际中的神经网络往往结构庞大,参数众多,如果各个部分都要手动从0开始搭建就太过费时费力了,由此就产生了各种深度学习框架来解决这个问题。常见的深度学习框架有TensorFlow、PyTorch、Caffe、Theano、Keras 等,本书主要介绍 TensorFlow 和 PyTorch两种。

10.4.1　使用 GPU 加速

在深度学习中有许多的并行计算,此时使用 GPU 代替 CPU 进行计算将会大大加快运行速度。NVIDIA 公司开发了 CUDA、cuDNN 库配合本公司的显卡进行加速运算。如果你使用的是 NVIDIA 显卡就可以尝试使用 GPU 加速,但是在下载安装时要特别注意版本匹配。建议读者暂时先使用 CPU 版本进行学习,之后再查阅相关资料结合自己的显卡型号进行环境配置。

10.4.2　TensorFlow 简介

TensorFlow 最初是由 Google 机器智能研究部门的 Google Brain 团队开发,基于 Google 2011 年开发的深度学习基础架构 DistBelief 构建起来的,主要用于进行机器学习和深度神经网络研究。由于 Google 在深度学习领域的巨大影响力和强大的推广能力,TensorFlow 一经推出就获得了极大的关注,并迅速成为使用最广的深度学习框架之一。

10.4.3　安装 TensorFlow

打开网址 https://tensorflow.google.cn/install 选择下载适合的版本。在命令行中进入 Python 环境输入 import tensorflow as tf,出现>>>符号代表导入成功,如图 10.14 所示。

```
命令提示符 - python                                                          —    □    ×
Microsoft Windows [版本 10.0.17763.864]
(c) 2018 Microsoft Corporation. 保留所有权利。

C:\Users\11041>python
Python 3.7.3 (v3.7.3:ef4ec6ed12, Mar 25 2019, 22:22:05) [MSC v.1916 64 bit (AMD64)] on win32
Type "help", "copyright", "credits" or "license" for more information.
>>> import tensorflow as tf
2019-11-27 20:55:29.393337: I tensorflow/stream_executor/platform/default/dso_loader.cc:44] Successfully opened dynamic library
cudart64_100.dll
>>>
```

图 10.14　导入 TensorFlow

10.4.4　TensorFlow 基本语法

在深度学习中常使用的数据结构为高维张量 tensor,其中常量 constant 也视为一种张量。TensorFlow 2.0 移除了会话 Session()机制,使得语法更加接近 NumPy。以下是一个简单的运算：

```
import tensorflow as tf
a = tf.constant(1.1,dtype = tf.float32)
b = tf.constant(2.2,dtype = tf.float32)
sum = a + b
print(sum)
```

第一条语句的作用是导入，并且简写为 tf。我们要使用 TensorFlow 框架搭建神经网络，必须首先导入 TensorFlow 框架。首先创建两个静态的 1 阶张量 a 和 b，指定数据类型为 TensorFlow 的 float32 类型，然后对 a 和 b 求和，结果赋值给 sum，运行结果为：

```
tf.Tensor(3.3000002, shape = (), dtype = float32)
```

TensorFlow 中张量的维数称为阶，1 阶张量可以认为是一个向量，2 阶张量可以认为是矩阵，3 阶以上称为高维张量，不用[ ]括起来的是 0 维张量，如上例中的 a 和 b。张量内的元素可以指定数据类型，例如 tf.float32（32 位浮点数），tf.float64（64 位浮点数），tf.int32（32 位整数），tf.complex64（64 位复数）等，默认为 tf.float32。

下面再看一个例子：

```
import tensorflow as tf
t = tf.constant( [ [1., 2., 3.],
                   [4., 5., 6.] ],dtype = tf.float32)
print(tf.reduce_sum(t, axis = 0))    #上下合并求和
print(tf.reduce_sum(t, axis = 1))    #左右合并求和
print(tf.reduce_sum(t))              #对所有元素求和
```

我们创建一个形状为 2×3 的二阶张量或者叫矩阵，这时想对它求和就会出现一个问题，该对哪个方向合并求和呢？这就需要指定求和的轴序号。在对高阶张量求和时使用 tf.reduce_sum()函数，函数中的第二个参数指定合并求和的轴序号。例如上面的例子中 axis＝0 代表上下合并求和，axis＝1 代表左右合并求和，如果不指定 axis 参数，则对所有元素求和。示例的运行结果为：

```
tf.Tensor([5. 7. 9.], shape = (3,), dtype = float32)
tf.Tensor([ 6. 15.], shape = (2,), dtype = float32)
tf.Tensor(21.0, shape = (), dtype = float32)
```

类似地，还有以下一些常用函数：

```
tf.reduce_sum()        #求和
tf.reduce_mean()       #求平均值
tf.reduce_max()        #求最大值
tf.reduce_min()        #求最小值
```

下面示例一些高阶张量常用操作:

```
import tensorflow as tf
a = tf.ones([2, 3])
b = tf.ones([3, 2])
print(a, b)
print(tf.matmul(a,b))                    # 可以用 print(a @ b)代替
```

tf. ones()函数创建元素全为 1 的张量,括号内需要指定张量的形状。类似地,tf. zeros()则创建元素全为 0 的张量。tf. matmul()进行矩阵乘法运算,运算的参数形状需要符合矩阵乘法的要求,也可以用符号@代替。示例的输出结果:

```
tf.Tensor(
[[1. 1. 1.]
 [1. 1. 1.]], shape = (2, 3), dtype = float32)    # 矩阵 a 的元素全为1,形状是(2, 3)
tf.Tensor(
[[1. 1.]
 [1. 1.]
 [1. 1.]], shape = (3, 2), dtype = float32)    # 矩阵 b 的元素全为1,形状是(3, 2)
tf.Tensor(
[[3. 3.]
 [3. 3.]], shape = (2, 2), dtype = float32)    # 矩阵 a 和 b 相乘的运算结果
```

tf. transpose()函数可以对矩阵进行转置:

```
import tensorflow as tf
t = tf.constant( [ [1., 2., 3.],
                   [4., 5., 6.] ],dtype = tf.float32)
print(tf.transpose(t))
```

结果为:

```
tf.Tensor(
[[1. 4.]
 [2. 5.]
 [3. 6.]], shape = (3, 2), dtype = float32)
```

也可以指定轴序号进行特殊的"转置":

```
import tensorflow as tf
t = tf.ones([5, 6, 7, 8])
print(tf.transpose(t, [1, 3, 0, 2]).shape)
```

张量 t 的轴序号 0 处的维度是 5,转置后到了第三个位置(轴序号 2);轴序号 1 处的维度是 6,转置后到了第一个位置(轴序号 0),以此类推,经过处理后张量 t 的形状变为:

```
(6, 8, 5, 7)
```

创建变量时使用 tf. Variable（）语句，并需要指定初始值，可以使用 tf. assign（）对变量重新进行赋值，但在赋值时要注意新值的形状必须和旧值相同。

```
import tensorflow as tf
v = tf.Variable( [[1, 2, 3],              #指定初始值
                  [4, 5, 6]])
print(v)
v.assign( [[1,1,1],                       #重新赋值,形状和旧值相同
          [1,1,1]])
print(v)
```

结果为：

```
< tf. Variable 'Variable:0' shape = (2, 3) dtype = int32, numpy =     #初始值
array([[1, 2, 3],
       [4, 5, 6]])>
< tf. Variable 'Variable:0' shape = (2, 3) dtype = int32, numpy =     #新值
array([[1, 1, 1],
       [1, 1, 1]])>
```

TensorFlow 可以进行张量之间的多种运算，以下是一些简单举例：

```
tf.add(x,y)                     #x 和 y 对应元素相加
tf.subtract(x,y)                #x 和 y 对应元素相减
tf.multiply(x,y)                #x 和 y 对应元素相乘
tf.divide(x,y)                  #x 和 y 对应元素相除
tf.diag(x)                      #返回主对角线为 x 各元素的对角阵,x 是一维张量
tf.diag_part(x)                 #返回矩阵 x 的对角元素
tf.trace(x)                     #返回矩阵 x 的迹
tf.transpose(x)                 #返回矩阵 x 的转置
tf.eye(x)                       #返回阶数为 x 的单位阵
tf.norm(x,ord = 'euclidean')    #求 x 的范数,ord 值为范数类型
tf.matrix_determinant(x)        #求矩阵 x 的行列式
tf.inverse(x)                   #求矩阵 x 的逆
```

10. 4. 5 使用 Keras 构建神经网络

各种深度学习框架中对神经网络常用的功能函数都进行了封装，我们在使用时只需要填入相应的参数就可以进行卷积、池化等操作，将各个模块函数像搭积木一样组装起来就可以快速搭建起一个神经网络，大大提高了效率，这也正是我们使用这些框架的重要原因之一。

Keras 是 TensorFlow 内包含的一种高级的神经网络 API，可以简单快速地构建神经网络。它有两个重要的概念：层（Layer）和模型（Model）。层将各种计算流程和变量进行了封装，例如全连接层、卷积层、池化层等，而模型则将各种层进行组织和连接，并封装成一个整体，描述了如何将输入数据通过各种层进行运算后得到输出。

使用 Keras 构建的神经网络一般包含如下步骤：首先准备好训练数据，之后定义神经

网络的结构模型,在神经网络的模型中要定义神经网络的各个层结构和相关参数,并且将数据逐一传入各层,并给出神经网络的最终输出,最后循环进行神经网络的前向传播和权值更新。Keras 定义的神经网络模型以类的形式呈现,可以通过继承 tf. keras. Model 这个类来定义自己的模型。我们可以采用如下的格式定义神经网络的模型:

```
class 神经网络名(tf.keras.Model):
    def __init__(self):
        super().__init__()
        #在初始化部分定义神经网络的各个层和各层的相关参数
    def call(self, input):
        #调用初始化部分定义的各层;
        #并将输入数据 input 逐一传入各层;
        #最后给出神经网络的最终输出 output
        output = self.dense(input)
        return output
```

在定义了神经网络的模型之后,我们使用 model =神经网络名()来实例化所定义的神经网络。下面是用 Keras 实现简单的仿射变换 $y = w * X + b$:

```
import tensorflow as tf
X = tf.constant([[1., 2., 3.], [4., 5., 6.]])
y = tf.constant([[10.], [20.]])
class Linear(tf.keras.Model):
    def __init__(self):
        super().__init__()
        self.dense = tf.keras.layers.Dense(
            units = 1,
            activation = None,
            kernel_initializer = tf.zeros_initializer(),
            bias_initializer = tf.zeros_initializer()
        )
    def call(self, input):
        output = self.dense(input)
        return output
model = Linear()
optimizer = tf.keras.optimizers.SGD(learning_rate = 0.01)    #优化器使用随机梯度下降
for i in range(100):
    with tf.GradientTape() as tape:
        y_pred = model(X)
        loss = tf.reduce_mean(tf.square(y_pred - y))         #使用均方差计算损失
    grads = tape.gradient(loss, model.variables)             #梯度更新
        #使用 model.variables 这一属性直接获得模型中的所有变量
    optimizer.apply_gradients(grads_and_vars = zip(grads, model.variables))
print(model.variables)
```

上面的代码中建立了一个继承了 tf. keras. Model 的模型类 Linear,这个类在初始化部分定义了一个全连接层(tf. keras. layers. Dense),并在 call 方法中对这个层进行调用。代码中的 for 循环中使用均方差计算损失函数,并使用 tf. GradientTape()和 tape. gradient()对网络中的变量计算梯度并进行权值的更新。代码中并没有显式地定义 w 和 b,梯度的计算

和权值的更新都由 TensorFlow 替我们完成了。

再来看一个使用 Keras 构建卷积神经网络的示例。

```python
class CNN(tf.keras.Model):
    def __init__(self):
        super().__init__()
        self.conv1 = tf.keras.layers.Conv2D(
                filters = 32,                    # 卷积核数量
                kernel_size = [5, 5],            # 卷积核尺寸大小
                padding = 'same',                # 可以选择 vaild 或 same
                activation = tf.nn.relu          # 激活函数使用 ReLU
        )
        self.pool1 = tf.keras.layers.MaxPool2D(pool_size = [2, 2], strides = 2)    # 最大池化层
        self.conv2 = tf.keras.layers.Conv2D(
                filters = 64,
                kernel_size = [5, 5],
                padding = 'same',
                activation = tf.nn.relu
        )
        self.pool2 = tf.keras.layers.MaxPool2D(pool_size = [2, 2], strides = 2)
        self.flatten = tf.keras.layers.Reshape(target_shape = (7 * 7 * 64))    # 改变张量形状
        self.dense1 = tf.keras.layers.Dense(units = 1024, activation = tf.nn.relu)    # 全连接层
        self.dense2 = tf.keras.layers.Dense(units = 10)
    def call(self, inputs):
        x = self.conv1(inputs)      # [batch_size, 28, 28, 32]
        x = self.pool1(x)           # [batch_size, 14, 14, 32]
        x = self.conv2(x)           # [batch_size, 14, 14, 64]
        x = self.pool2(x)           # [batch_size, 7, 7, 64]
        x = self.flatten(x)         # [batch_size, 7 * 7 * 64]
        x = self.dense1(x)          # [batch_size, 1024]
        x = self.dense2(x)          # [batch_size, 10]
        output = tf.nn.softmax(x)
        return output
```

在上面的代码中,我们构建了卷积神经网络中最常用的卷积层、最大池化层、全连接层,还使用了激活函数 ReLU 等。使用 Keras 搭建神经网络的大致流程都与示例代码类似,只要选择好要使用的函数,指定参数即可。同理,如果想使用其他的激活函数,只需要把 ReLU 替换为 sigmoid,tanh 等。

二维卷积操作可以使用 tf.keras.layers.Conv2D() 函数。在使用时需要指定参数,例如卷积核个数、尺寸、步长等。padding 是填充类型,有 SAME 和 VALID 两种类型,选择 SAME 后输出尺寸为:

$$Out = \frac{In}{S} \tag{10-16}$$

其中,Out 为输出尺寸,In 为输入尺寸,S 为步长,向上取整。

选择 VALID 后输出尺寸为:

$$Out = \frac{In - F + 1}{S} \tag{10-17}$$

其中,Out 为输出尺寸,In 为输入尺寸,F 为滤波器大小,S 为步长,向上取整。

同理,tf. keras. layers. Conv1D()是一维卷积；tf. keras. layers. Conv3D()是三维卷积,只是参数不同。最大池化操作可以使用 tf. keras. layers. MaxPool2D()函数,参数的指定方式类似于卷积。

总之,深度学习框架中就是把机器学习中的常用功能封装后供我们使用,大部分函数都可以望文生义,这样就可以快速地搭建起神经网络进行实验,这是使用深度学习框架最大的优点之一。

10.4.6　PyTorch 简介

PyTorch 是 Facebook 于 2017 年 1 月 18 日发布的 Python 端的开源的深度学习库,基于 Torch。PyTorch 与 TensorFlow 最大的不同在于 PyTorch 支持动态计算图,使用更加灵活,更接近 Python 语言,甚至可以说 PyTorch 就是可以利用 GPU 加速的 NumPy,在后面的使用中我们可以明显的感觉到它与 TensorFlow 的不同之处。

10.4.7　安装 PyTorch

进入网址 https://pytorch. org,选择适应的版本。其中,CUDA 是一种由 NVIDIA 推出的通用并行计算架构,该架构使 GPU 能够解决复杂的计算问题。如果计算机上没有安装基于 NVIDIA 芯片的独立显卡,这里的 CUDA 可以选择 None。在 pip 中输入下方所示的命令即可安装,如图 10.15 所示。

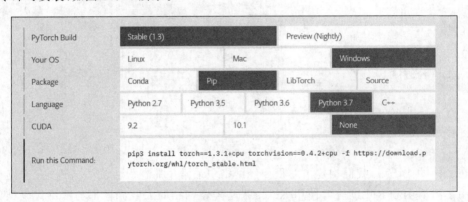

图 10.15　选择适合版本的 PyTorch

在命令行中进入 Python 环境输入 import torch as t,出现>>>符号代表导入成功,如图 10.16 所示。

```
命令提示符 - python                                            —    □    ×
Microsoft Windows [版本 10.0.17763.864]
(c) 2018 Microsoft Corporation。保留所有权利。

C:\Users\11041>python
Python 3.7.3 (v3.7.3:ef4ec6ed12, Mar 25 2019, 22:22:05) [MSC v.1916 64 bit (AMD64)] on win32
Type "help", "copyright", "credits" or "license" for more information.
>>> import torch as t
>>>
```

图 10.16　导入 PyTorch

10.4.8　PyTorch 基本语法

PyTorch 中的 Tensor 类似于 NumPy 的 ndarray，语法也类似于 NumPy。例如下列语句生成一个元素全是 0 的 5 行 3 列矩阵，数据类型为 torch 中的 float32。PyTorch 是一种动态计算图框架。

```
import torch as t
a = t.zeros((5,3),dtype = t.float32)
print(a)
```

结果为：

```
tensor([[0., 0., 0.],
        [0., 0., 0.],
        [0., 0., 0.],
        [0., 0., 0.],
        [0., 0., 0.]])
```

甚至 ndarray 和 tonsor 本身就是可以相互转化的：

```
import torch as t
import numpy as np
a = np.array([1,2,3])
print(a)
b = t.from_numpy(a)    #将 ndarray 转换为 tensor
print(b)
c = b.numpy()          #将 tensor 转化为 ndarray
print(c)
```

上述代码的运行结果为。

```
[1 2 3]
tensor([1, 2, 3], dtype = torch.int32)
[1 2 3]
```

如果使用了 CUDA 加速，在创建时可以在 tensor 后面加上.cuda()，这时关于这个 tensor 的计算都会经过 GPU 加速。

```
import torch as t
print(t.cuda.is_available())    #查看是否支持 CUDA 加速,如果返回 True 则说明支持
x = t.tensor([2,5,7]).cuda()
y = t.tensor([5,5,5]).cuda()
print(x + y)
```

结果为：

```
True
tensor([ 7, 10, 12], device = 'cuda:0')
```

PyTorch 还有一个巨大的特点在于能够自动求解梯度。在创建变量时设置 requires_grad=True,它将会开始去追踪所有的在这个张量上面的运算。当完成一次正向传播后,可以调用 backwward() 来计算所有的梯度。向量的梯度将会自动被保存在 grad 属性里。grad 是累加的,所以要再次计算梯度时必须清零。

```
import torch as t
x = t.tensor(4., requires_grad = True)
w = t.tensor(5., requires_grad = True)
b = t.tensor(6., requires_grad = True)
y = w * x + b                              #y = 5 * x + 6
y.backward()
print(x.grad)                              #x.grad = w
print(w.grad)                              #w.grad = x
print(b.grad)                              #b.grad = 1
```

结果为:

```
tensor(5.)
tensor(4.)
tensor(1.)
```

10.4.9 使用 nn 构建神经网络

类似于 TensorFlow 的 Keras 模块,PyTorch 可以使用 nn 模块快速地进行神经网络的搭建,nn 就是 Neural Network 的缩写。PyTorch 中通过继承 t.nn.Module 这个类来定义自己的模型,通用的神经网络定义方法如下:

```
class 神经网络名(t.nn.Module):
    def __init__(self):
        super().__init__()
        #在初始化部分定义神经网络的各个层和各层的相关参数
    def forward(self, input):
        #调用初始化部分定义的各层;
        #并将输入数据 input 逐一传入各层;
        #最后给出神经网络的最终输出 output
        output = self.dense(input)
        return output
```

根据这个格式,可以构建出一个由卷积层和全连接层组成的神经网络:

```
class FirstCnnNet(t.nn.Module):
    def __init__(self, num_classes):          #需要初始化输出这一个参数
        super(FirstCnnNet, self).__init__()
```

```python
# 第一层二维卷积,输入通道 1,输出通道 16。从(1,28,28)压缩为(16,14,14)
        self.conv1 = t.nn.Sequential(
            t.nn.Conv2d(1, 16, kernel_size = 5, stride = 2, padding = 2),
            t.nn.ReLU())                        # 激活函数使用 ReLU
# 第二层卷积,输入深度 16,输出深度 32。从(16,14,14)压缩到(32,6,6)
self.conv2 = t.nn.Sequential(
            t.nn.Conv2d(16, 32, kernel_size = 5, stride = 2, padding = 2),
            t.nn.ReLU(),
            t.nn.MaxPool2d(kernel_size = 2,     # 最大池化,窗口大小为 2,步长为 1
                    stride = 1))
# 第 1 个全连接层,输入 6 * 6 * 32,输出 128
self.dense1 = t.nn.Sequential(
                t.nn.Linear(6 * 6 * 32, 128), t.nn.ReLU(),
                t.nn.Dropout(p = 0.25))
        # 第 2 个全连接层,输入 128,输出 10 类结果
self.dense2 = t.nn.Linear(128, num_classes)
def forward(self, x):                           # 正向传播,真正的计算在这里
        x = self.conv1(x)                       #   (16,14,14)
        x = self.conv2(x)                       #   (32,6,6)
        x = x.view(x.size(0), -1)               # 改变输入张量的形状
        x = self.dense1(x)                      #   32 * 6 * 6→128
        x = self.dense2(x)                      #   128→10
        return x
model = FirstCnnNet(10)                          # 输入 28 * 28,隐藏层 128,输出 10 个类别
optimizer = t.optim.Adam(model.parameters(), lr = learning_rate)
```

上面的代码中使用了 t.nn.Sequential() 方法实现了简单的顺序连接模型,它也是继承自 Module 类的,使用这个方法可以按照顺序添加神经网络的各层。

二维卷积使用 t.nn.Conv2d() 方法,需要指定卷积核数量、尺寸、步长、填充类型等,最大池化层的参数和卷积类似。使用 t.nn.Linear() 方法构建了全连接层,需要指定两个参数,即输入维度和输出维度。在 forward() 方法中对之前构建好的各层进行调用,实现正向传播。

t.optim.Adam(model.parameters(), lr = learning_rate)表示优化器选择 Adam,优化对象是模型中的参数,并指定了学习率。

在构建好神经网络的结构后就可以进入训练阶段:

```python
X_train_size = len(X_train)
for epoch in range(num_epochs):
    print('Epoch:', epoch)                      # 打印训练迭代的次数:
    X = t.autograd.Variable(t.from_numpy(X_train))
    y = t.autograd.Variable(t.from_numpy(y_train))
    i = 0
    while i < X_train_size:
        X0 = X[i:i + batch_size]                # 取一个新批次的数据
        X0 = X0.view(-1, 1, 28, 28)
        y0 = y[i:i + batch_size]
        i += batch_size
```

```
        ♯ 正向传播
        out = model(X0)                          ♯用神经网络计算 10 类输出结果
        loss = t.nn.CrossEntropyLoss()(out, y0)  ♯计算交叉熵损失
        ♯ 反向梯度下降
        optimizer.zero_grad()                    ♯清零梯度
        loss.backward()                          ♯根据误差函数求梯度
        optimizer.step()                         ♯进行一轮梯度下降计算
   print(loss.item())                            ♯输出本轮的损失函数
```

上面的代码使用 for 循环进行多个轮次的训练,训练次数由 num_epochs 指定。使用 t. autograd. Variable()方法在训练过程中进行梯度计算。使用 t. nn. CrossEntropyLoss() 方法计算交叉熵损失。在 PyTorch 中梯度是一直累加的,所以在进行一次传播后必须使用 optimizer. zero_grad() 将梯度清零。最后使用 loss. backward()进行反向传播,更新参数。 这样就完整地完成了一次训练。

10.5 手写字符识别

10.5.1 MNIST 数据集

MNIST 是一个手写字符识别的数据集,包含训练集图片、训练集标签、测试集图片、测试集标签四个部分。图片数据是一个 28×28 像素单通道的手写字体,标签数据是用 one-hot 表示的对应图片的正确数字值。训练集共有 60000 张图片,相应的有 60000 个训练集标签;测试集是 10000 张图片与对应的标签。进入网址 http://yann. lecun. com/exdb/ mnist/下载以下 4 个文件(如图 10.17 所示),分别是训练集图片、训练集标签、测试集图片、测试集标签。

```
train-images-idx3-ubyte.gz:  training set images (9912422 bytes)
train-labels-idx1-ubyte.gz:  training set labels (28881 bytes)
t10k-images-idx3-ubyte.gz:   test set images (1648877 bytes)
t10k-labels-idx1-ubyte.gz:   test set labels (4542 bytes)
```

图 10.17 下载 MNIST 数据集

下面我们来读取一下其中的内容。新建一个 PyCharm 项目,将 4 个 MNIST 文件解压后放到 PyCharm 项目文件夹下,创建一个 Python 文件名为 read_MNIST. py,如图 10.18 所示。

在 read_MNIST. py 中写下如下代码:

```
import numpy as np
import matplotlib.pyplot as plt
image_path = r'train - images - idx3 - ubyte'
with open(image_path,'rb') as file1:
    file1.seek(16)                        ♯文件头为 16 个字节,跳过不读
    image1 = file1.read(28 * 28)
    image2 = np.zeros(28 * 28)
```

```
for i in range(28 * 28):
    image2[i] = image1[i]
image2 = image2.reshape(28,28)
plt.imshow(image2,cmap = 'binary')
plt.show()
```

上面的代码中,我们读取了训练集的第一张图片。因为每张图片为 28×28 像素,所以读取 28×28 字节,将这些字节的值赋给 image2 后将它转换为 28×28 的矩阵,以二值图形式打开。可以看到是一个手写的"5",如图 10.18 所示:

图 10.18　读取训练集第一张图片

在代码中加上以下部分:

```
label_path = r'train - labels - idx1 - ubyte'
with open(label_path,'rb') as file2:
    file2.seek(8)                          #文件头为 8 个字节,跳过不读
    label = file2.read(1)
    print(label)
```

上面的代码读取训练集的第一个标签,可以看到结果正是"5":

```
b'\x05'
```

10.5.2　用于手写字符识别的神经网络结构

在下面两个小节我们将分别使用 TensorFlow 和 PyTorch 两个神经网络框架搭建如图 10.19 所示的神经网络,并完成手写字符识别任务。

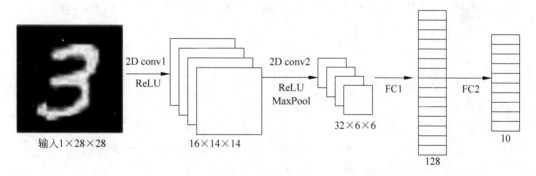

图 10.19　神经网络结构图

图 10.19 所示的神经网络含有两个卷积层和两个全连接层。输入的手写字符图片尺寸为 28×28。因为该图片为灰度图片,因此在图 10.19 中表示为 1×28×28。数字 1 代表输入为 1 个通道。输入图片经过第一个卷积层后得到的特征图尺寸为 16×14×14,通道数增加到了 16。经过第二个卷积层和最大池化操作之后得到的特征图尺寸为 32×6×6,通道数增加到了 32,特征图的尺寸降低至 6×6。尺寸为 32×6×6 的特征图经过向量展平操作之

后进入两个全连接层。第一个全连接层的输出是 128 维,第二个全链接的输出为 10 维,对应 10 个字符类别。需要注意的是,本例为了让读者初步了解搭建神经网络的过程和网络结构,因此网络结构非常简单,而目前的深度神经网络往往可以达到百层以上。

10.5.3 使用 TensorFlow 完成手写字符识别

本节我们使用 TensorFlow 来搭建图 10.19 所示的神经网络,读者可以在本小节熟悉 TensorFlow 中构建神经网络模块的用法。

首先进行 MNIST 数据集的下载和读取。MNIST 手写字符识别是 Keras 的内部示例之一,可以直接在网站中下载并使用内部函数读取:

```python
import tensorflow as tf
import os
class DataSource():
    def __init__(self):
        #mnist 数据集存储的位置,如果不存在将自动下载
        data_path = os.path.abspath(os.path.dirname(__file__)) + '/../data_set_tf2/
mnist.npz'
        (train_images, train_labels), (test_images, test_labels) =
            tf.keras.datasets.mnist.load_data(path = data_path)
        #6 万张训练图片,1 万张测试图片
        train_images = train_images.reshape((60000, 28, 28, 1))
        test_images = test_images.reshape((10000, 28, 28, 1))
        #像素值映射到 0 - 1 之间
        train_images, test_images = train_images / 255.0, test_images / 255.0
        self.train_images, self.train_labels = train_images, train_labels
        self.test_images, self.test_labels = test_images, test_labels
```

上面代码中使用的 tf.keras.datasets.mnist.load_data() 就是 Keras 自带的内部函数,用来读取 MNIST 数据集。

接下来进行神经网络的构建:

```python
class CNN(tf.keras.Model):
    def __init__(self):
        super(tf.keras.Model,self).__init__()
        model = tf.keras.models.Sequential()
        #第 1 层卷积,输入图片尺寸为 28 * 28,使用 16 个尺寸为 5 * 5 的卷积核
        model.add(tf.keras.layers.Conv2D(16, (5, 5), activation = 'relu', input_shape =
                                            (28, 28, 1)))
        #第 2 层卷积,使用 32 个尺寸为 5 * 5 的卷积核
        model.add(tf.keras.layers.Conv2D(32, (5, 5), activation = 'relu'))
        model.add(tf.keras.layers.MaxPooling2D((2, 2)))          #最大池化层
        model.add(tf.keras.layers.Flatten())                     #将输入张量展平
        model.add(tf.keras.layers.Dense(128, activation = 'relu'))    #第一层全连接
        model.add(tf.keras.layers.Dense(10, activation = 'softmax'))  #第二层全连接
        self.model = model
```

上面代码中的 Flatten 层用来将输入张量展平,即把多维的输入一维化,常用在从卷积层到全连接层的过渡。输入的图片是单通道的 28×28 黑白图,经过两次二维卷积后接两个全连接层,最终输出 $0 \sim 9$ 这 10 类。

神经网络构建好之后,一般需要做如下三个工作:通过循环迭代数据集多遍,每次按批产生训练数据,前向计算;通过损失函数计算误差值;反向传播自动计算梯度,更新网络参数。由于这一部分逻辑非常通用,我们可以直接使用 Keras 提供的模型装配与训练高层接口实现。在 Keras 中提供了 compile()、fit() 和 evaluate() 函数,可以很方便地实现上述功能,使得代码简洁清晰。下面是神经网络的训练和评估部分:

```python
class Train():
    def __init__(self):
        self.cnn = CNN()
        self.data = DataSource()
    def train(self):
        check_path = './ckpt/cp-{epoch:04d}.ckpt'    #训练参数保存路径
        #每隔 5 个 epoch 保存一次
        save_model_cb = tf.keras.callbacks.ModelCheckpoint(check_path,
                        save_weights_only = True, verbose = 1, period = 5)
        self.cnn.model.compile(optimizer = 'adam',
                            loss = 'sparse_categorical_crossentropy',
                            metrics = ['accuracy'])
        self.cnn.model.fit(self.data.train_images, self.data.train_labels, epochs = 10,
                            callbacks = [save_model_cb])
        test_loss, test_acc = self.cnn.model.evaluate(self.data.test_images,
                            self.data.test_labels)
        print("准确率: %.4f,共测试了 %d 张图片 " %
(test_acc,len(self.data.test_labels)))
```

模型装配接口 compile() 是 Keras 的高层接口,它的功能是指定网络使用的优化器对象、损失函数、评价指标等。其调用形式为:

```
model.compile(optimizer,loss, metrics)
```

参数说明:

- optimizer:指定优化器的类型。
- loss:指定损失函数。
- metrics:指定评价指标。

示例代码使用 compile() 接口指定了训练使用的优化器为 Adam,损失函数为交叉熵,评价标准为准确率。

模型装配完成后,就可以通过 Keras 高层接口 fit() 将数据送入神经网络进行训练,同时打印出图片分类精度的测试结果。接口 fit() 的调用形式为:

```
model.fit(data, labels, epochs, callbacks)
```

参数说明:

- data：表示训练数据。
- labels：表示标签数据。
- epochs：表示训练集训练迭代的次数。
- callbacks：一个列表，列表中的回调函数将会在训练过程中被调用。

示例代码中使用 fit() 接口指定了训练集数据和对应的标签，还指定了训练集训练迭代的次数为 10 次。

代码运行结果如图 10.20 所示。程序构建的手写字符识别神经网络的训练过程使用了同一批数据，进行了 10 个 epochs 的训练，训练参数保存到 ckpt 文件中，在训练集和测试集中的准确率都达到了 99% 以上。从这个结果可以看出，对于这种容易的任务，使用结构非常简单的神经网络就能够完成。

```
59136/60000 [==========================>.] - ETA: 0s - loss: 0.0058 - accuracy: 0.9981
59392/60000 [==========================>.] - ETA: 0s - loss: 0.0058 - accuracy: 0.9981
59616/60000 [==========================>.] - ETA: 0s - loss: 0.0059 - accuracy: 0.9981
59872/60000 [==========================>.] - ETA: 0s - loss: 0.0059 - accuracy: 0.9981
Epoch 00010: saving model to ./ckpt/cp-0010.ckpt

60000/60000 [==========================] - 14s 227us/sample - loss: 0.0059 - accuracy: 0.9981

10000/1 [================================================================================
准确率: 0.9910. 共测试了10000张图片
```

图 10.20 代码运行结果

10.5.4 使用 PyTorch 完成手写字符识别

本节我们来使用 PyTorch 搭建图 10.19 所示的神经网络，读者可以在本节熟悉 PyTorch 中构建神经网络的用法。

首先定义读取数据集功能的函数：

```python
import numpy as np
import torch as t
# 数据读取部分
def read_labels(filename, items):                    # items 为读取数据的数量
    file_labels = open(filename, 'rb')
    file_labels.seek(8)
    data = file_labels.read(items)
    y = np.zeros(items, dtype = np.int64)
    for i in range(items):
        y[i] = data[i]
    file_labels.close()
return y
y_train = read_labels('./train-labels-idx1-ubyte', 60000)
y_test = read_labels('./t10k-labels-idx1-ubyte', 10000)
def read_images(filename, items):
    file_image = open(filename, 'rb')
    file_image.seek(16
    data = file_image.read(items * 28 * 28)
    X = np.zeros(items * 28 * 28, dtype = np.float32)
    for i in range(items * 28 * 28):
```

```
        X[i] = data[i] / 255
    file_image.close()
    return X.reshape( - 1, 28 * 28)
X_train = read_images('./train - images - idx3 - ubyte', 60000)
X_test = read_images('./t10k - images - idx3 - ubyte', 10000)
```

设置训练轮数、学习率、每批次的数据个数：

```
num_epochs = 10                          # 训练轮数
learning_rate = 1e - 3                    # 学习率
batch_size = 100                          # 批次大小
```

使用模块构建 CNN：

```
class FirstCnnNet(t. nn. Module):
    def __init__(self, num_classes):          # 只需要初始化输出这一个参数
        super(FirstCnnNet, self). __init__()
# 第一层二维卷积,输入通道 1,输出通道 16. 从(1,28,28)压缩为(16,14,14)
        self.conv1 = t. nn. Sequential(
            t. nn. Conv2d(1, 16, kernel_size = 5, stride = 2, padding = 2),
            t. nn. ReLU())                      # 激活函数使用 ReLU
# 第二层卷积,输入深度 16,输出深度 32. 从(16,14,14)压缩到(32,6,6)
self.conv2 = t. nn. Sequential(
            t. nn. Conv2d(16, 32, kernel_size = 5, stride = 2, padding = 2),
            t. nn. ReLU())
            t. nn. MaxPool2d(kernel_size = 2, stride = 1))
            # 最大池化,卷积核大小为 2,步长为 1
# 第 1 个全连接层,输入 6 * 6 * 32,输出 128
self.dense1 = t. nn. Sequential(
            t. nn. Linear(6 * 6 * 32, 128), t. nn. ReLU(),
            t. nn. Dropout(p = 0.25))
# 第 2 个全连接层,输入 128,输出 10 类结果
self.dense2 = t. nn. Linear(128, num_classes)
def forward(self, x):                       # 正向传播,真正的计算在这里
        x = self.conv1(x)                   #   (16,14,14)
        x = self.conv2(x)                   #   (32,6,6)
        x = x.view(x.size(0), - 1)          # 改变输入张量的形状
        x = self.dense1(x)                  #   32 * 6 * 6→128
        x = self.dense2(x)                  #   128→10
        return x
model = FirstCnnNet(10)                      # 输入 28 * 28,隐藏层 128,输出 10 个类别
optimizer = t. optim. Adam(model. parameters(), lr = learning_rate)    # 优化器选择 Adam
```

进行多个轮次的训练并计算每个轮次的损失函数：

```
X_train_size = len(X_train)
for epoch in range(num_epochs):
    print('Epoch:', epoch)                  # 打印训练迭代的次数
```

```
X = t.autograd.Variable(t.from_numpy(X_train))
y = t.autograd.Variable(t.from_numpy(y_train))
i = 0
while i < X_train_size:
    X0 = X[i:i + batch_size]              #取一个新批次的数据
    X0 = X0.view(-1, 1, 28, 28)
    y0 = y[i:i + batch_size]
    i += batch_size
    #正向传播
    out = model(X0)                       #用神经网络计算10类输出结果
    loss = t.nn.CrossEntropyLoss()(out, y0)   #计算交叉熵损失
    #反向梯度下降
    optimizer.zero_grad()                 #清空梯度
    loss.backward()                       #根据误差函数求梯度
    optimizer.step()                      #进行一轮梯度下降计算
print(loss.item())                        #输出本轮的损失函数
```

在训练完成后进行验证阶段：

```
model.eval()                              #将模型设为验证模式
X_val = t.autograd.Variable(t.from_numpy(X_test))
y_val = t.autograd.Variable(t.from_numpy(y_test))
X_val = X_val.view(-1, 1, 28, 28)         #将形状改变为CNN需要的输入形式
out_val = model(X_val)                    #用训练好的模型计算结果
loss_val = t.nn.CrossEntropyLoss()(out_val, y_val)
print('loss:')
print(loss_val.item())
_, pred = t.max(out_val, 1)               #求出最大的元素的位置
num_correct = (pred == y_val).sum()
print('accuracy:')                        #将预测值与标注值进行对比
print(num_correct.data.numpy() / len(y_test))
```

代码运行结果如图 10.21 所示,准确率同样达到了 99% 以上。

```
Epoch: 28
0.03837413340806961
Epoch: 29
0.004201236180961132
loss:
0.043209258466959
accuracy:
0.9904
```

图 10.21　代码运行结果

图 书 资 源 支 持

感谢您一直以来对清华版图书的支持和爱护。为了配合本书的使用,本书提供配套的资源,有需求的读者请扫描下方的"书圈"微信公众号二维码,在图书专区下载,也可以拨打电话或发送电子邮件咨询。

如果您在使用本书的过程中遇到了什么问题,或者有相关图书出版计划,也请您发邮件告诉我们,以便我们更好地为您服务。

我们的联系方式:

清华大学出版社计算机与信息分社网站: https://www.shuimushuhui.com/

地　　址: 北京市海淀区双清路学研大厦 A 座 714

邮　　编: 100084

电　　话: 010-83470236　010-83470237

客服邮箱: 2301891038@qq.com

QQ: 2301891038 (请写明您的单位和姓名)

资源下载: 关注公众号"书圈"下载配套资源。

资源下载、样书申请

书圈

图书案例

清华计算机学堂

观看课程直播